"十四五"职业教育国家规划教材

"十三五"职业教育国家规划教材

高等院校"+互联网"系列精品教材

AutoCAD 电气工程制图

主　编　雍丽英

副主编　刘万村

参　编　宫　丽　王微微

主　审　王长文　安子清

電子工業出版社·

Publishing House of Electronics Industry

北京·BEIJING

内 容 简 介

本书是国家骨干专业建设项目成果，以电气工程项目为载体、岗位技能培养为目标来安排教学内容。主要内容包括低压配电柜的绘制与识图、继电器–接触器控制系统原理图的绘制与识图、配电设备电气接线图的绘制与识图、电气平面布置图的绘制与识图、PLC 控制系统电气工程图的绘制等内容。其主要特点是以一个完整的电气控制系统为载体，先将电气工程制图分解为电气设备机械加工图、电气原理图、电气接线图、电气布置图四种电气图进行单项训练，最后用一个实际项目将各种电气图整合到一起，进行综合技能训练。项目设计由单一到综合，项目选取注重电气工程领域的实际应用，编写时将电气专业知识与制图技巧有机融合，图文并茂，实用性强。

本书为高等职业本专科院校电气绘图课程的教材，也可作为开放大学、成人教育、自学考试、中职学校、培训班的教材，以及自学者与电气工程技术人员的参考书。

本书提供免费的电子教学课件、习题参考答案、CAD 源文件等资源，相关介绍详见前言。

图书在版编目（CIP）数据

AutoCAD 电气工程制图 / 雍丽英主编. —北京：电子工业出版社，2019.6（2024 年 6 月重印）
高等院校"+互联网"系列精品教材
ISBN 978-7-121-34647-7

Ⅰ. ①A…　Ⅱ. ①雍…　Ⅲ. ①电气工程－工程制图－AutoCAD 软件－高等学校－教材　Ⅳ. ①TM02-39

中国版本图书馆 CIP 数据核字（2018）第 141283 号

策划编辑：陈健德（E-mail:chenjd@phei.com.cn）
责任编辑：刘真平
印　　刷：河北鑫兆源印刷有限公司
装　　订：河北鑫兆源印刷有限公司
出版发行：电子工业出版社
　　　　　北京市海淀区万寿路 173 信箱　邮编　100036
开　　本：787×1 092　1/16　印张：12.75　字数：326.4 千字
版　　次：2019 年 6 月第 1 版
印　　次：2024 年 6 月第 21 次印刷
定　　价：52.00 元

前言

　　本书是国家骨干专业建设项目成果，以能力为本位、以职业实践为主线、以实际工程项目为载体来设计内容。对接电气工程领域的电气设备安装工、电气设备工艺员等职业岗位的制图与识图核心能力，融入"现代电气控制系统安装与调试"全国职业院校技能大赛等大赛考核标准和相关"1+X"职业技能等级证书等职业标准，以典型的电气工程项目为载体展开电气工程 CAD 的学习。

　　本书内容包括五个典型的实际电气工程制图项目。项目 1 为低压配电柜的绘制与识图，主要介绍机械制图与识图基础知识和相关国家标准，并以低压配电柜柜体为载体，介绍AutoCAD 基础知识和三维图形的绘图方法；项目 2 为继电器-接触器控制系统原理图的绘制与识图，主要介绍常用低压电器元件电气图形的绘制方法，并以 CA6140 车床为载体，介绍运用 AutoCAD 绘制电气原理图的方法和技巧；项目 3 为配电设备电气接线图的绘制与识图，主要介绍配电设备的基础知识，并以水泵站动力配电柜为载体，介绍电气接线图的绘图方法和步骤；项目 4 为电气平面布置图的绘制与识图，主要介绍电气平面布置图的基本知识，并以变电所为载体，介绍运用 AutoCAD 绘制电气工程平面布置图的方法和技巧；项目 5 为 PLC控制系统电气工程图的绘制，主要介绍电气工程套图的编制方法，并以某厂 PLC 控制柜为载体，介绍运用 AutoCAD 绘制电气工程套图的方法和技巧。每个项目中都包含项目描述、项目构思、项目分析、知识准备、项目实施、知识拓展、工程训练几部分内容，每个项目都具有一定的独立性，五个项目又构成一个系统的整体。

　　本书打破了 AutoCAD 软件以命令使用方法为章节的传统编排方法，以电气工程绘图项目为载体，将 AutoCAD 软件命令的使用方法融入具体的电气绘图中，学习目标明确，效果突出。项目内容设计由单一到综合，循序渐进地讲解电气工程领域涉及的典型图纸的绘制方法，具有典型性和完整性。本书按照绘图步骤截取了大量的电气 CAD 图，图文并茂，易读、易懂、易上手，实用性强。

　　本书为高等职业本专科院校电气绘图课程的教材，建议学时为 76 学时，在多媒体电子教室采用教学做一体的教学模式完成教学。如果同时安装 AutoCAD 软件和多媒体教学管理软件，可采用现场限时绘图的方法进行考核。各院校可根据实际情况对学时和教学方式进行适当调整。

　　本书由哈尔滨职业技术学院雍丽英教授任主编，由哈尔滨职业技术学院刘万村副教授任副主编。具体编写分工为：雍丽英编写项目 1，刘万村编写项目 2、项目 5 和附录 A，宫丽编写项目 3，王微微编写项目 4；哈尔滨轴承制造有限公司安子清高级工程师绘制大量的电气CAD 图，并提供了大量的资料。全书由哈尔滨市教育局王长文教授和安子清进行主审并提出了宝贵的意见。在本书编写过程中，得到西门子（中国）有限公司哈尔滨分公司唐雪飞工程师、哈尔滨职业技术学院孙百鸣教授的大力支持，以及杜丽萍教授、刘卫民教授给予的帮助，在此一并表示衷心的感谢！

　　鉴于编者的水平和时间所限，书中难免存在不足和缺陷，敬请读者批评指正。

本书配有免费的电子教学课件与习题参考答案等资源，请有此需要的教师登录华信教育资源网（http://www.hxedu.com.cn）免费注册后再进行下载。直接扫一扫书中的二维码可阅看CAD操作视频或下载相应的CAD源文件学习参考。如有问题请在网站留言或与电子工业出版社联系（E-mail：hxedu@phei.com.cn）。

编　者

目　录

项目 1

低压配电柜的绘制与识图

 扫一扫看低压配电柜
的绘制与识图岗课赛
证融通教学案例

项目描述

项目名称	低压配电柜的绘制与识图		参考学时	30 学时
项目导入	该项目来源于某企业低压配电系统。交流低压配电柜适用于变电站、发电厂、厂矿企业等电力用户的交流 50 Hz、额定工作电压 380 V、额定工作电流 1 000~3 150 A 的配电系统，用于动力、照明及发配电设备的电能转换、分配与控制，是多台低压开关电器及其保护和控制装置的组合，同时包括控制、测量、信号指示和附件及所有内部电气和机械的连接。一般低压配电柜根据型号具有通用的形式。因此，电气设备工艺员在使用 AutoCAD 设计配电柜柜体时，要充分考虑交流低压配电柜的功能、尺寸、柜体材料、安装器件方式、散热、美观、运输等方面的需求，正确绘制出柜体的三视图和三维图，才能保证柜体的设计符合实际使用要求。本项目选取全国职业院校技能大赛"现代电气控制系统安装与调试"赛题图纸，提升学生的识图能力；引入"智能制造设备安装与调试""1+X"职业技能等级证书的考核标准，有效地检验学习效果，实施"以岗定课""赛教融合""课证融通"教学改革			
项目目标	知识目标	1. 掌握机械制图与识图基础知识和相关国家标准； 2. 掌握 AutoCAD 基础知识； 3. 掌握 AutoCAD 平面绘图方法，包括绘图环境设置、相关绘图命令的使用； 4. 掌握 AutoCAD 三维图形的绘制技巧		
	能力目标	1. 初步具备配电柜设计的能力； 3. 具备机械制图与识图的能力；	2. 具备 AutoCAD 软件的操作能力； 4. 具备绘制三维图的能力	
	素质和 思政目标	1. 培养良好的电工职业道德； 3. 培养精益求精的工匠精神； 5. 培养劳动精神	2. 严格遵守电工安全操作规程； 4. 培养质量意识、安全意识、创新意识；	
项目要求	1. 制订项目工作计划和任务分工； 3. 利用 AutoCAD 软件完成柜体三视图的绘制； 5. 对照设计方案检查设计图纸并修正		2. 完成所设计柜体的设计方案； 4. 利用 AutoCAD 软件完成柜体三维图的绘制；	
项目实施	1. 构思：项目的分析与 AutoCAD 软件学习，参考学时为 4 学时； 2. 实施：绘制柜体三视图和三维图，参考学时为 20 学时； 3. 检查：对照设计方案修正图纸，参考学时为 6 学时			

项目构思

　　低压配电柜是工厂、车间或学校实训室里最常见的电气装置，如图 1-1 所示。其作用是将开关设备、测量仪表、保护电器和电气辅助设备组装在封闭或半封闭金属柜中，达到控制电气输入或输出的目的。低压配电柜是电气工程系统的重要组成部分，是电气工作人员接触的重要装置，因此电气工作者应该充分了解配电柜的结构和功能，熟悉配电柜中的元器件类型、安装、连线和工作原理。通过学习和掌握 AutoCAD 2014 计算机绘图软件，电气工程类的初级学习者就能按照公司或者加工单位的要求，设计一款符合国家标准的配电柜，绘制出它的平面图和仿真的立体图。本项目以低压配电柜柜体设计为例，使学生在学习过程中掌握低压配电柜的设计方法，掌握 AutoCAD 2014 的基本绘图指令，并能够完成电气设备机械图的绘制。

图 1-1　低压配电柜

　　项目实施建议教学方法为项目引导法、小组教学法、案例教学法、启发式教学法及实物教学法。

　　教师首先下发项目工单，布置本项目需要完成的任务及控制要求，介绍本项目的应用情况，进行项目分析，引导学生完成项目所需的知识、能力及软硬件准备，讲解 AutoCAD 2014 基本绘图指令、机械制图方法等相关知识。

　　学生进行小组分工，明确项目工作任务，团队成员讨论项目如何实施，进行任务分解，学习完成项目所需的知识，查找低压配电柜柜体设计的相关资料，制订项目实施工作计划。本项目工单见表 1-1。

项目分析

　　本项目以低压配电柜中的开关柜单柜为例，完成柜体的设计和绘图。

表 1-1 低压配电柜的绘制与识图项目工单

课程名称	AutoCAD 电气工程制图			总学时	76
项目 1	低压配电柜的绘制与识图			项目学时	30
班级		组别	团队负责人	团队成员	
项目描述	通过本项目的实际训练,使学生了解低压配电柜的功能和设计方法,掌握电气设备机械制图的方法和步骤,掌握 AutoCAD 2014 基本绘图指令,具备机械制图和识图的能力,并提高学生实践能力、团队合作精神、语言表达能力和职业素养。具体任务如下: 1. 了解低压配电柜的功能和设计要求,并形成设计方案; 2. 掌握 AutoCAD 2014 绘图软件的操作方法及基本指令; 3. 按照机械制图国家标准绘制低压配电柜三视图; 4. 按照机械制图国家标准绘制低压配电柜三维图; 5. 按照设计方案检查绘制图纸并修正				
相关资料及资源	AutoCAD 2014 绘图软件及计算机、教材、视频录像、PPT 课件、机械制图国家标准等				
项目成果	1. 低压配电柜三视图图纸; 3. 项目报告		2. 低压配电柜三维图; 4. 评价表		
注意事项	1. 遵守实训室设备使用规则; 3. 项目结束时,及时清理工作台,关闭计算机		2. 绘图过程严格按照国家标准		
引导性问题	1. 你已经具备完成绘制低压配电柜柜体所需的所有资料了吗?如果没有,还缺少哪些?应通过哪些渠道获得? 2. 在完成本项目前,你还要学习哪些必要的知识?如何解决? 3. 你设计的配电柜柜体符合国家标准吗? 4. 在进行操作前,你掌握绘图的基本指令了吗? 5. 在绘图过程中,你采取什么措施来保证绘图质量?符合绘图要求吗? 6. 在绘图完毕后,你所绘制的图纸和设计方案符合吗?能满足实际使用的要求吗				

图 1-2 是开关柜单柜样例。开关柜柜体结构采用通用柜的形式,按照低压配电柜的技术条件,开关柜柜高 1 800～2 200 mm,柜宽 800～1 200 mm,柜深 600～800 mm,选用优质冷轧钢板制造,构架用冷弯型钢局部焊接组装而成,由构架零件及型钢配装,保证了柜体的精度和质量。

柜体正面根据安装的仪表数量和尺寸设计相应的安装孔。如果是多个控制柜组成的电柜组,还要根据实际需要考虑入线口和出线口的位置及尺寸。

在设计柜体时还要充分考虑运行中的散热问题。在柜体上下两端均有不同数量的散热槽孔,当柜内热量到一定量时,热量上升,通过上端槽孔排出,而冷风不断地由下端槽孔补充进柜,使密封的柜体自下而上形成一个自然通风道,达到散热的目的。柜门用转轴式活动铰链与构架相连,装卸方便。门的折边处嵌有山形橡塑条,具有一定的压缩行程,能防止门与柜体直接碰撞,也提高了门的防护等级。

要充分地将以上需求在图纸上体现出来,图纸应该包括柜体的三视图、局部细节图等,如图 1-3 所示。后面的绘图中将给出详细尺寸和绘图步骤。

图 1-2 开关柜单柜

图 1-3 低压配电柜三视图及仪表、手柄放大图

知识准备

1.1 常见的 AutoCAD 软件

AutoCAD 是 Automatic Computer Aided Design 的缩写，就是"自动计算机辅助设计"的意思。顾名思义，它是一个取代了手工绘图中的笔、图板和圆规等烦琐工具而在计算机上进行辅助绘图设计和三维造型设计的软件。它不仅可以方便快捷地绘制电气工程图，还可以广泛应用于所有需要绘图的领域，如机械、土木、水利、建筑等，目前在工程设计绘图中牢牢占据主导地位。它可以独立于其他学科之外，形成平面设计的主体技能，适应职场的需要。常见的 AutoCAD 软件有以下多种。

1. AutoCAD

从 1982 年 12 月美国 Autodesk 公司推出第一个版本 AutoCAD 1.0 版，到 2014 版，已经对 AutoCAD 进行了近 27 次的升级，从而使其功能逐渐强大且日趋完善。为叙述方便，下面所述的 AutoCAD 软件专指 Autodesk 公司的 AutoCAD 软件，并以 AutoCAD 最新版本为例进行介绍。为了全面掌握 AutoCAD 2014 的绘图功能，我们从绘制低压配电柜入手，来熟悉其强大的绘图方法和绘图命令，以及涉及的相关适应我国绘图标准的设置方式。

2. SolidWorks

SolidWorks 是法国达索公司的产品之一，最擅长的是 3D 制图，可以实体建模，比较方便，但入门容易提高难，通过内置的实用功能块，真正做到设计仿真一体化。该产品也有 2D 绘图功能，但默认页面不是很美观，曲面建模不是太好。

3. CATIA

CATIA 是法国达索公司的产品之一，为 3D 建模软件，3D 模型美观，可以任意建模，比较方便，入门容易，提高也容易，最擅长的是曲面建模，仿真分析等高级功能不太好用。主

要应用于汽车、航空航天、船舶制造、厂房设计、电力与电子、消费品和通用机械制造。

4. Pro/E

Pro/E 是美国参数技术公司（PTC）开发的 3D 建模软件，采用模块方式，进行参数化设计，命令也较多，特征驱动命令不是很丰富，打开文件时需要完整操作。

5. UG

UG 是 Siemens PLM Software 公司出品的一个产品工程解决方案，它为用户的产品设计及加工过程提供了数字化造型和验证手段，常常用于飞机发动机和大部分汽车发动机设计。

6. Photoshop

Photoshop 是集图像扫描、编辑修改、图像制作、广告创意、图像输入与输出于一体的图形图像处理软件，主要应用于平面广告设计和图像处理等方面。

7. 3D MAX

3D MAX 是三维设计和动画制作软件，被广泛应用于建筑方案效果图设计、工业设计、三维动画等。

1.2　AutoCAD 的工作界面与基本操作

1.2.1　AutoCAD 2014 的工作界面

AutoCAD 2014 有四种绘图界面样式，分别是草图与注释界面、三维基础界面、三维建模界面和 AutoCAD 经典界面。

1. 草图与注释界面

打开 AutoCAD 2014，关闭欢迎界面后默认显示的是草图与注释界面，如图 1-4 所示。

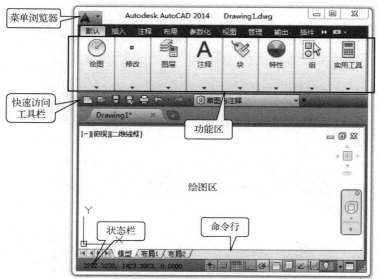

图 1-4　草图与注释界面

它由菜单浏览器、快速访问工具栏、功能区、绘图区、命令行、状态栏等部分组成。

可单击图 1-5 中的下拉三角按钮切换各个界面，也可单击状态栏中的齿轮状按钮进行切换。

图 1-5　界面切换对话框

2. 三维基础界面

图 1-6 所示是三维基础界面。

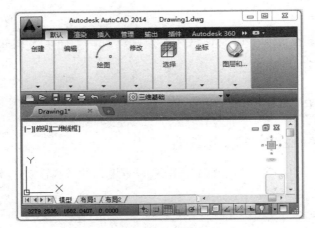

图 1-6　三维基础界面

3. 三维建模界面

图 1-7 所示是三维建模界面。

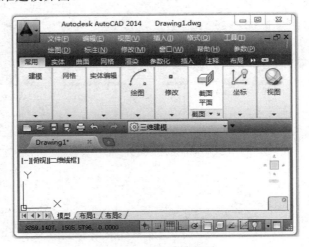

图 1-7　三维建模界面

以上 3 种界面样式主要表现在功能区的变化，分别适用于二维平面或三维立体绘图。

4. AutoCAD 经典界面

图 1-8 所示是为保持与以前版本的一致性而设置的专门样式，它比较适于用惯了老版本操作的工作者使用。

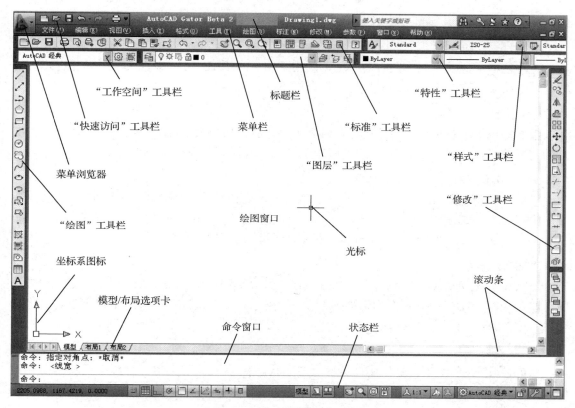

图 1-8 AutoCAD 经典界面

AutoCAD 经典界面由标题栏、菜单栏、各种工具栏、绘图窗口、光标、命令窗口、状态栏、坐标系图标、模型/布局选项卡和菜单浏览器等组成，如图 1-8 所示。下面将以AutoCAD 经典界面为例来具体学习 AutoCAD 各项命令的操作。

1）标题栏

标题栏与其他 Windows 应用程序类似，用于显示 AutoCAD 2014 的程序图标及当前所操作图形文件的名称。

2）菜单栏

菜单栏是主菜单，可利用其执行 AutoCAD 的大部分命令。单击菜单栏中的某一项，会弹出相应的下拉菜单。下拉菜单中，右侧有小三角的菜单项，表示它还有子菜单；右侧有三个小点的菜单项，表示单击该菜单项后会显示一个对话框；右侧没有内容的菜单项，单击它后会执行对应的 AutoCAD 命令。

3）工具栏

AutoCAD 2014 提供了 40 多个工具栏，每一个工具栏上均有一些形象化的按钮。单击某一按钮，可以启动 AutoCAD 的对应命令。

用户可以根据需要打开或关闭任一个工具栏。方法是：在已有工具栏上右击，AutoCAD 弹出工具栏快捷菜单，通过其可实现工具栏的打开与关闭。此外，通过选择与下拉菜单"工具"→"工具栏"→"AutoCAD"对应的子菜单命令，也可以打开 AutoCAD 的各工具栏。

4）绘图窗口

绘图窗口类似于手工绘图时的图纸，是用户用 AutoCAD 2014 绘图并显示所绘图形的区域。它的绘图空间是无限大的，理论上可以画下任何物体。

5）光标

当光标位于 AutoCAD 的绘图窗口时为十字形状，所以又称其为十字光标。十字线的交点为光标的当前位置。AutoCAD 的光标用于绘图、选择对象等操作。

6）坐标系图标

坐标系图标通常位于绘图窗口的左下角，表示当前绘图所使用的坐标系的形式及坐标方向等。AutoCAD 提供世界坐标系（World Coordinate System，WCS）和用户坐标系（User Coordinate System，UCS）两种坐标系。世界坐标系为默认坐标系。

7）命令窗口

命令窗口是 AutoCAD 显示用户从键盘输入的命令和显示 AutoCAD 提示信息的地方。默认时，AutoCAD 在命令窗口保留最后三行所执行的命令或提示信息。用户可以通过拖动窗口边框的方式改变命令窗口的大小，使其显示多于三行或少于三行的信息。

8）状态栏

状态栏用于显示或设置当前的绘图状态。状态栏上位于左侧的一组数字反映当前光标的坐标，其余按钮从左到右分别表示当前是否启用了用于精确绘图的捕捉模式、栅格显示、正交模式、极轴追踪、对象捕捉、对象捕捉追踪、动态 UCS（用鼠标左键双击，可打开或关闭）、动态输入等功能，以及是否显示线宽、当前的绘图空间等信息。

9）模型/布局选项卡

模型/布局选项卡用于实现模型空间与图纸空间的切换。

10）滚动条

利用水平和垂直滚动条，可以使图纸沿水平或垂直方向移动，即平移绘图窗口中显示的内容。

11）菜单浏览器

单击菜单浏览器，AutoCAD 会将浏览器展开。用户可通过菜单浏览器执行相应的操作。

1.2.2 文件管理

AutoCAD 有关文件管理的基本操作包括新建文件、打开文件、保存文件等，这是 AutoCAD 最基础的知识。

1. 新建文件

单击"标准"工具栏上的"新建"按钮，或选择"文件"→"新建"命令，AutoCAD 弹出"选择样板"对话框，如图 1-9 所示。默认打开的文件是 acadiso，文件格式类型是 dwt。

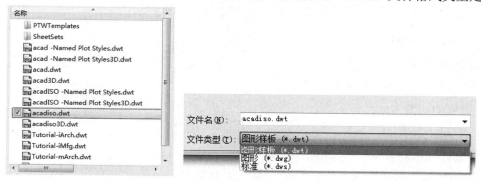

图 1-9　新建文件对话框

dwt 文件是标准的样板文件，通常将一些规定的标准性的样板文件设置成该格式；dwg 文件是普通的样板文件；而 dws 文件是包含了标准图层、标注样式、线型和文字样式的样板文件。通过此对话框选择对应的样板后（初学者一般选择样板文件 acadiso.dwt 即可），单击"打开"按钮，就会以对应的样板为模板建立一个新图形。

2. 打开文件

要打开一个已经绘制好的图形样板，可单击"标准"工具栏上的"打开"按钮，或选择"文件"→"打开"命令，AutoCAD 即弹出与前面的图类似的"选择文件"对话框，可通过此对话框确定要打开的文件并打开它。

可以同时新建或打开多个文件，在窗口菜单下切换，也可以将某张图纸上的图形复制后粘贴到另一张图纸，实现图纸之间的互动，快速绘制相同图样。

3. 保存文件

要保存已经绘制好的图形样板，可单击"标准"工具栏上的"保存"按钮，或选择"文件"→"保存"命令，如果当前图形没有命名保存过，AutoCAD 会弹出"图形另存为"对话框。通过该对话框指定文件的保存位置及名称后，单击"保存"按钮，即可实现保存。

值得注意的是，默认的保存文件名是 Drawing1.dwg，我们一般保留**.dwg**，将前一部分改成自己命名的图纸名称，并在保存时将 文件类型(T): AutoCAD 2013 图形 (*.dwg) 中的相应类型改成 文件类型(T): AutoCAD 2004/LT2004 图形 (*.dwg) ，以保证用低版本时能够打开使用，因为所有的软件低版本几乎都不能兼容高版本，而高版本能兼容低版本。

1.2.3　绘图命令的调用

1. 执行命令的方式

一般有两种方法：一种是在命令行中输入命令的全称或简称；另一种是用鼠标指针选择一个菜单命令或单击工具栏上的命令按钮。绝大多数用户习惯用鼠标发出命令。

2．重复命令的方式

（1）按键盘上的 Enter（回车）键或按 Space（空格）键。

（2）使光标位于绘图窗口，右击，AutoCAD 弹出快捷菜单，并在菜单的第一行显示出重复执行上一次所执行的命令，选择此命令即可重复执行对应的命令。

3．结束或取消命令

在命令的执行过程中，用户可以通过按 Esc 键，或右击，从弹出的快捷菜单中选择"取消"命令的方式终止 AutoCAD 命令的执行。

4．鼠标的功能

左键：拾取键，用于单击工具栏按钮及选取菜单选项以发出命令，也可以在绘图过程中指定和选择图形对象。

右键：一般作为回车键，执行完命令后单击右键来结束命令。在有些情况下，单击右键将弹出快捷菜单，该菜单上有可选择的命令则继续。

滚轮：推动滚轮可放大图样，回拉滚轮可缩小图样，缩放量为 10%。按住滚轮鼠标指针变成手形，可平移图样。

更多具体的绘图命令的执行，我们将在实例中逐渐熟悉和掌握。

1.2.4 常用图形绘制工具解析

无论是简单的机件图还是复杂的零件图、装配图，包括三维空间的图形，都是二维平面绘图的延伸。因此，只有熟练掌握二维绘图和图形编辑修改的操作命令及绘图技巧，才能更好地完成绘图任务。

表 1-2 中列出了常用二维绘图工具命令。

 扫一扫下载表 1-2 绘图工具命令操作讲解视频

表 1-2　常用二维绘图工具命令一览表

序号	按钮	按钮名称	说　明
1		直线	直线是最基本的线性对象，有起点和终点。可以创建一系列连续的线段，每条线段都是可以单独进行编辑的直线对象。配合"正交"可以绘制水平或垂直的直线；配合"极轴追踪"可以绘制任意角度的直线
2		构造线	创建向两个方向无限延伸的线，绘图中经常用来做绘图辅助线
3		多段线	多段线是作为单个对象创建的互相连接的线段序列。它可以是直线、弧线或者两者组合的线段，既可以分别编辑，也可以一起编辑，还可以具有不同的宽度，如绘制箭头等
4		多边形	能创建等边的闭合多段线，它能创建边数为 3～1 024 的闭合多段线，可以绘制螺帽、五边形及五角星等
5		矩形	矩形是由直线段构成的规则四边形，完成后是一条封闭的多段线。创建时须指定两个角点；特殊情况下可直接绘制圆角矩形
6		圆弧	圆弧为圆上的一段弧，其创建方法多达 11 种，在"绘图"→"圆弧"的下拉列表中。默认的按钮是用圆周上的三个点创建圆弧，简称"三点"，其中凡是带有起点、端点字样的绘图，规定逆时针方向为圆弧的正方向

续表

序号	按钮	按钮名称	说　明
7		圆	默认的按钮是指定圆心位置后输入半径创建圆，圆的绘制方法有 6 种。单击"绘图"→"圆"，后续列表中弹出其他绘制命令。常常配合"对象捕捉"、"对象捕捉追踪"使用，达到快速绘图的目的
8		修订云线	可以通过拖动光标创建新的修订云线，也可以将闭合对象如圆、椭圆等转换为修订云线。通常使用它对图形的某位置做出解释说明的标记
9		样条曲线	样条曲线是经过或接近一系列给定点的光滑曲线，它可以控制曲线与点的拟合程度
10		椭圆	使用时由前两个点确定第一条轴的长度和位置，第三个点确定椭圆的圆心和第二条轴的端点之间的距离
11		椭圆弧	由前两个点确定第一条轴的长度和位置，第三个点确定椭圆的圆心和第二条轴的端点之间的距离，第四、第五点确定两个端点的角度
12		点	创建一个点或多个点对象，作为标记使用，也可用以定数等分或定距等分线段。点的样式可以在格式菜单下设置
13		图案填充	为封闭区域或选定对象的内部填充需要的图案，可以用多种方法选择封闭区域
14		渐变色	为封闭区域或选定对象的内部填充需要的颜色，可以用多种方法选择封闭区域
15		面域	将包含封闭区域的对象转换为面域对象，主要用于三维绘图的拉伸和旋转构建实体模型
16	A	多行文字	创建多行文字对象。使用内置的文字编辑器，可以设置文字大小及其他样式

在绘制图形的过程中，经常需要对图形对象进行删除、复制、移动、镜像、阵列、旋转、缩放、拉伸、修剪、分解、倒角、圆角等修改编辑操作，以获得满意的、符合要求的图形效果。为了便于同学们熟悉这些工具，特将常用编辑命令列表说明。

表 1-3 中列出了常用图形编辑工具命令。

表 1-3　常用图形编辑工具命令一览表

序号	按钮	按钮名称	说　明
1		删除	从图形中删除选定对象
2		复制	将一个或多个对象复制到指定方向上的指定距离处
3		镜像	把选择的对象围绕一条镜像线做对称复制，镜像操作完成后，可以保留原对象，也可以将原对象删除。创建出指定对象的镜像副本
4		偏移	创建同心圆、平行线和等距曲线。偏移对象是指保持选择的对象的形状，确定一个偏移值，在不同的位置以相同或者不同的尺寸新建一个对象
5		阵列	建立阵列是指将对象多重复制并把这些副本按矩形、环形或按一定的路径排列。可以控制行或列的数量以及对象副本之间的距离或角度。按任意行、列和层组合分布对象副本，可以用于三维空间阵列对象
6		移动	将对象在指定方向上移动指定的距离
7		旋转	绕基点旋转对象

续表

序号	按钮	按钮名称	说　明
8		缩放	放大或缩小选定对象，缩放后保持对象的比例不变
9		拉伸	从右向左窗选对象，拖拉对象改变尺寸，拉伸时应指定拉伸的基点和位移点
10		修剪	修剪对象以适合其他对象的边
11		打断于点	在一点打断选定对象
12		打断	在两点之间打断选定对象
13		倒角	给对象添加一定距离的倒角
14		圆角	给对象添加一定半径的圆角
15		分解	将复合对象分解为部件对象

1.3 机械制图基本知识

 扫一扫看课程思政
案例：不以规矩，
不能成方圆

 扫一扫下载表 1-3
绘图工具命令操作
讲解视频

　　绘制图形必须遵循统一的标准即国家标准，因此我们首先需要了解和掌握相关的国家新标准。GB/T 18229—2000《CAD 工程制图规则》规定了机械工程中用计算机辅助设计（以下简称 CAD）时的制图规则。GB 即国标，T 为推荐，若没有字母 T，则为强制执行标准。

1.3.1　国家标准的基本规定

　　用计算机绘制工程图时，其图纸幅面和格式按照 GB/T 14689 的有关规定。在 CAD 工程制图中所用到的有装订边或无装订边的图纸幅面形式见图 1-10。注意理解图 1-10（a）～（d）各图中标题栏的位置变化。图纸的基本尺寸见表 1-4。

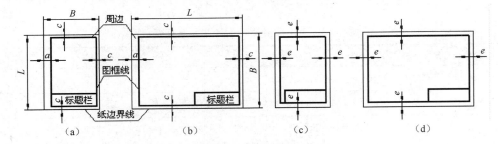

图 1-10　图纸幅面形式

表 1-4　图纸幅面及边框尺寸

幅面代号	A0	A1	A2	A3	A4
B×L	841×1 189	594×841	420×594	297×420	210×297
e	20			10	
c	10			5	
a	25				

注：在 CAD 绘图中对图纸有加长加宽的要求时，应按基本幅面的短边（B）成整数倍增加

1. 图纸幅面

绘制技术图样时应优选表 1-4 中的五种基本尺寸。

2. 图纸格式

图纸上必须用粗实线画出图框。看图方向一般以文字的正方向为准，特殊情况可规定其方向并做出标记。

（1）留装订边的边缘尺寸为 a，其余边为 c。

（2）不留装订边的图框周边尺寸均为 e。

3. 标题栏

图纸必须画出标题栏，并符合国家标准 GB/T 10609.1 或企业标准的规定。以学院标题栏为例，简化格式参考图 1-11 所示尺寸及样式，画于图纸图框的右下角。

图 1-11　简化标题栏

4. 比例

比例是指图样中的图形与实物相应要素的线性尺寸之比。比例大小应符合 GB/T 14690 中的规定。在 CAD 工程图中需要按比例绘制图形时，按表 1-5 中规定的系列选用适当的比例。注意：不论采用何种比例绘图，图样中所标注的尺寸都应该是机件实际大小，与所选比例无关。

表 1-5　绘图比例

种　类	比　例		
原值比例	$1:1$		
放大比例	$5:1$	$2:1$	
	$5 \times 10^n:1$	$2 \times 10^n:1$	$1 \times 10^n:1$
缩小比例	$1:2$	$1:5$	$1:10$
	$1:2 \times 10^n$	$1:5 \times 10^n$	$1:10 \times 10^n$
注：n 为正整数			

5. 字体

CAD 工程图中所用的字体应符合 GB/T 13362.4～13362.5 和 GB/T 14691 的要求，并应做到字体端正、笔画清楚、排列整齐、间隔均匀。汉字应写成长仿宋体。CAD 工程图的字体与图纸幅面之间的大小关系参见表 1-6。

表 1-6　字高 *h*　　　　（mm）

图　幅	A0	A1	A2	A3	A4
字母数字			3.5		
汉　字			5		

6. 图线规定

图样上的图线应遵守 GB/T 17450 中的有关规定，见表 1-7。

表 1-7　图线

名 称 代 号	形　　　式	线　宽	主　要　用　途
粗实线	——————————	*d*（0.5～2 mm）	可见轮廓线
细实线	——————————	约 1/2*d*	尺寸线、尺寸界线、剖面线等
细点画线	— · — · — · — · —	约 1/2*d*	轴线、对称中心线
虚线	– – – – – – – – –	约 1/2*d*	不可见轮廓线
粗点画线	— · — · — · — · —	*d*	有特殊要求的线
双点画线	— · · — · · — · · —	约 1/2*d*	假想投影轮廓线、中断线
双折线	——————/\/———————	约 1/2*d*	断裂处的边界线
波浪线	～～～～～～～	约 1/2*d*	断裂处的边界线、剖视图的分界线

用 AutoCAD 绘图时，基本图线在屏幕上一般应按表 1-8 中提供的颜色显示，相同类型的图线应采用同样的颜色。

表 1-8　AutoCAD 屏幕上的图线颜色

图 线 类 型		屏幕上的颜色	图 线 类 型		屏幕上的颜色
粗实线	——————	白色	虚　线	– – – – – – – – –	黄色
细实线	——————		细点画线	— · — · — · —	红色
波浪线	～～～～～	绿色	粗点画线	— · — · — · —	棕色
双折线	/\/\/\/\		双点画线	— · · — · · —	粉红色

图线画法的注意事项：

（1）在同一图样中，同类图线的宽度应基本一致。

（2）在同一图样中，虚线、点画线及双点画线的线段长度和间隔应各自大致相同。

（3）绘制圆的中心线时，点画线应超出轮廓线 3～5 mm，圆心应为线段的交点。点画线和双点画线的首尾两端应是线段而不是点。

（4）图线与图线相交时，应恰当地交于画线处。

（5）两条平行线之间的最小间隙不得小于 0.7 mm。

7. 尺寸标注

1）基本规则

（1）机件的真实大小应以图样上所注的尺寸数值为依据，与图形的大小及绘图的准确

度无关。

（2）图样中（包括技术要求和其他说明）的尺寸以毫米为单位时，不需标注计量单位的代号或名称；如采用其他单位，则必须注明相应的计量单位的代号或名称。

（3）图样中所标注的尺寸为该图样所示机件的最后完工尺寸，否则应另加说明。

（4）机件的每一尺寸一般只标注一次，并应标注在反映该结构最清晰的图形上。

（5）标注尺寸时应尽可能使用规定的符号和缩写词，如直径ϕ、半径 R 等。

2）尺寸组成

一个完整的尺寸包括尺寸界线、尺寸线和尺寸数字 3 个要素，如图 1-12 所示。

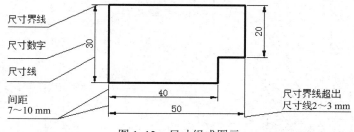

图 1-12 尺寸组成图示

（1）尺寸界线。尺寸界线表示所注尺寸的范围，用细实线绘制。尺寸界线应从图形的轮廓线、轴线或对称中心线处引出，也可以直接利用轮廓线、轴线或对称中心线作为尺寸界线。尺寸界线超出尺寸线 2～3 mm。

（2）尺寸线。尺寸线表示尺寸的度量方向，用细实线绘制，不能用其他图线来代替，也不能画在其他图线的延长线上。标注线性尺寸时，尺寸线必须与所注的线段平行，其间隔和平行的尺寸线的间隔应保持一致，不能小于 7 mm。在标注互相平行的尺寸时，应把小尺寸注在里面，大尺寸注在外面。

（3）尺寸数字。尺寸数字表示机件的实际大小。同一张图样上的尺寸数字的高度应一致，一般为 3.5 号字。尺寸数字应注写在尺寸线的中上方，并且不允许被任何图线通过，当无法避免时，必须将图线断开。

重点提示：国家标准是 AutoCAD 绘图环境参数设置的主要依据，应该熟练掌握。

1.3.2 投影基础与识图

为了更好地学好 AutoCAD 绘图，首先应该牢牢掌握看图识图的本领。在此，简要回顾一下有关内容。

通常我们把有形的物体画成图，在工程技术中，是根据投影原理、国家标准或有关规定，准确地用点线面将其描述到图纸上，并注有必要的技术说明，这样的图，简称**图样**。针对不同的领域，图样分为建筑图样、水利图样、电气图样、机械图样等。工程图样是工程与产品信息的载体，是工程界表达、交流的语言。也只有读懂了图样，才能进行交流并进一步地加工制造，满足生产、生活的需要。

1. 投影法

从物体与影子之间的对应关系规律中，创造出一种在平面上表达空间物体的方法，叫投影法。它分为用点光源的中心投影和用平行光源的平行投影，如图 1-13、图 1-14 所示。

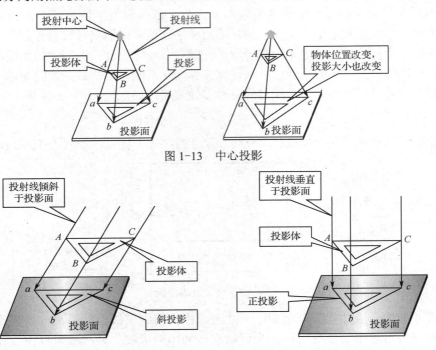

图 1-13　中心投影

（a）平行斜投影　　　　　　　　　　（b）平行正投影

图 1-14　平行投影

1）中心投影

中心投影是投射线由投射中心发出的投影方法。

中心投影的投影特点：（1）中心投影法得到的投影一般不反映形体的真实大小；（2）度量性较差，作图复杂。

2）平行投影

当投射中心位于无限远时，所有投射线互相平行（类似太阳对地面的照射），这种投影法称为平行投影法。根据投射线与投影面的相对位置，可分为平行斜投影和平行正投影，如图 1-14（a）、（b）所示。

正投影的投影特点：（1）能准确、完整地表达出形体的形状和结构，且作图简便，度量性较好，故广泛用于工程图；（2）立体感较差。

正投影有三个特性，即真实性、积聚性、类似性。

● 当直线或平面平行于投影面时，真实反映直线实长和平面的实形；

● 当直线或平面垂直于投影面时，直线或平面在投影面上凝聚成点或线；

● 当直线或平面倾斜于投影面时，直线投影仍为直线，但平面变小而仅仅类似于原平面。

把物体放在观察者和投影面之间，将人的目光当作互相平行的射线且垂直于投影面，在投影面上画出观察到的物体的图形，这就称为视图。当然，一般情况下仅一个视图是无法反映出物体的真实形状的，如图 1-15 所示。由此我们引入了三视图，在三个正投影方向上，将视图互相补充参照，以求表达清楚物体的真实形态。

2. 三视图

1）三投影面体系

选用三个互相垂直的投影面，建立三投影面体系，如图 1-16 所示。在三投影面体系中，三个投影面分别用 V（正面）、H（水平面）、W（侧面）来表示。三个投影面的交线 OX、OY、OZ 称为投影轴，三个投影轴的交点称为原点。

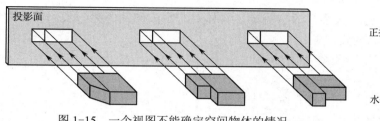

图 1-15　一个视图不能确定空间物体的情况

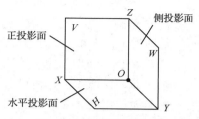

图 1-16　三投影面体系

2）三视图的形成

如图 1-17（a）所示，将一个 L 形物体块放在三投影面中间，分别向正面、水平面、侧面投影。在正面上的投影叫主视图，在水平面上的投影叫俯视图，在侧面上的投影叫左视图。

为了把三视图画在同一平面上，如图 1-17（b）所示，规定正面不动，水平面绕 OX 轴向下转动 90°，侧面绕 OZ 轴向右转 90°，使三个互相垂直的投影面展开在一个平面上，如图 1-17（c）所示。为了画图方便，把投影面的边框去掉，得到图 1-17（d）所示的三视图。

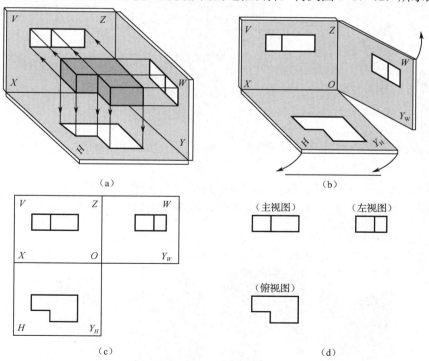

（a）

（b）

（c）

（d）

图 1-17　三视图的形成

我们把三个投影分别命名为主视图、俯视图、左视图，即：

● 物体的正面投影称为主视图，它是由前向后投射得到的图形；
● 物体的水平投影称为俯视图，它是由上向下投射得到的图形；
● 物体的侧面投影称为左视图，它是由左向右投射得到的图形。

它们的位置关系由三视图的形成过程可以看出，俯视图在主视图的下方，左视图在主视图的右方。

3）三视图的投影规律

物体有长、宽、高三个方向的大小，通常规定：物体的左右方向的距离为长，前后方向的距离为宽，上下方向的距离为高。

如图 1-18 所示，三视图的投影关系为：

● V 面、H 面（主、俯视图）——长对正；
● V 面、W 面（主、左视图）——高平齐；
● H 面、W 面（俯、左视图）——宽相等。

"长对正、高平齐、宽相等"这是三视图间的投影规律，也是画图和看图的依据。

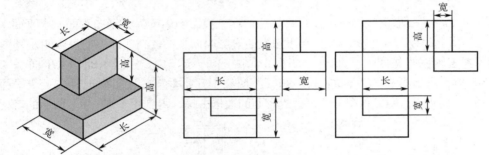

图 1-18　三视图的投影关系

4）三视图的作图步骤

（1）确定方向。

（2）布置视图。

（3）先画出能反映物体真实形状的一个视图（一般为正视图，也可以是俯视图或左视图）。

（4）运用长对正、高平齐、宽相等的规律画出其他视图。

（5）要求将俯视图安排在正视图的正下方，侧视图安排在正视图的正右方。

5）绘制基本物体的三视图

绘制如图 1-19 所示基本物体的三视图。

（a）圆柱体　　　（b）圆锥体　　　（c）正五棱柱立体　　　（d）圆台体

图 1-19　三视图实例

3. 简单组合图的识图分析

如图 1-20 所示是形体组合图，可以把这样的图想象成是由几种简单图块拼凑而成的，识图和绘图的思路是：

（1）分部分→对投影→想形状。

（2）合起来→想整体。

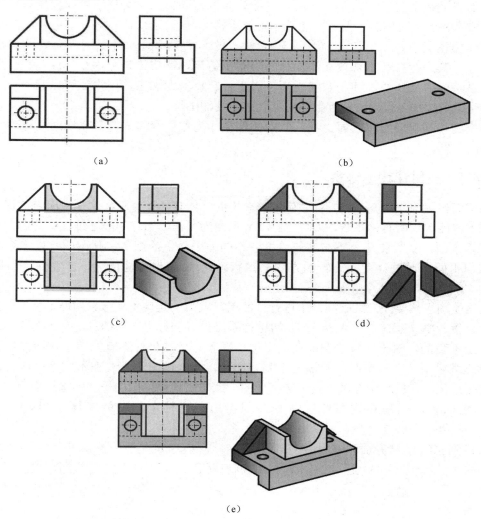

图 1-20　识图步骤示意图

> 三视图的投影规律；三视图的作图步骤；认真研究三视图的看图方法和过程。

1.4　AutoCAD 三维绘图基础

AutoCAD 除具有强大的二维绘图功能外，还具备强大的三维造型能力。

在 AutoCAD 中，用户可以创建三种类型的三维模型：线框模型、表面模型及实体模型。

线框模型是一种轮廓模型，它用线（3D 空间的直线及曲线）表达三维立体，不包含面及体的信息。不能使该模型消隐或着色。又由于其不含有体的数据，用户也不能得到对象的质量、质心、体积、惯性矩等物理特性，不能进行布尔运算。

表面模型用物体的表面表示物体。表面模型具有面及三维立体边界信息。表面不透明，因而表面模型可以被渲染及消隐。对于计算机辅助加工，用户还可以根据零件的表面模型形成完整的加工信息，但是不能进行布尔运算。

实体模型具有线、表面、体的全部信息。对于此类模型，可以区分对象的内部及外部，可以对其进行打孔、切槽和添加材料等布尔运算，对实体装配进行干涉检查，分析模型的质量特性，如质心、体积和惯性矩。对于计算机辅助加工，用户还可以利用实体模型的数据生成数控加工代码，进行数控刀具轨迹仿真加工等。

切换到三维建模工作界面，我们以实体建模作为主要学习内容，来应对工作中常见的三维作图问题。

1.4.1　三维建模坐标系

在平面作图中，由 X 轴和 Y 轴确定一个平面，所有的操作都在这个平面上进行，在一个平面上就能看到所有的参数，所以也称 XY 平面为工作平面。一般三维立体的图形如长方体，有六个面，就需要从上下左右前后去看不同的平面上的细节，画图的时候也要不断地改变工作平面，通过移动、旋转的方式来重新确定 XY 坐标的位置，才能保证绘图的准确性。

三维绘图当然要在三维坐标系中进行，即用三维笛卡儿直角坐标系的 X、Y、Z 值来指定精确位置。默认状态时，AutoCAD 的坐标系是世界坐标系（WCS）。世界坐标系是唯一的、固定不变的，对于二维绘图，在大多数情况下，世界坐标系就能满足作图需要；但若是创建三维模型，在三维空间绘图就不太方便了，因为用户常常要在不同平面或是沿某个方向绘制结构，在世界坐标系下是不能完成的。此时需要以绘图的平面为 XY 坐标平面，创建新的坐标系，然后再调用绘图命令绘制图形。这种可移动的坐标系叫用户坐标系（UCS）。三维绘图必须学会合理使用用户坐标系。

切换到三维建模界面，在常用选项卡的坐标面板中，提供了坐标应用的相关功能按钮，如图 1-21 所示。 是 UCS 图标显示控制按钮，单击其下拉三角按钮，出现子界面，如图 1-22 所示，有三个选项： 在原点处显示 UCS 图标、 显示 UCS 图标、 隐藏 UCS 图标，用来控制 UCS 的显示状态。

图 1-21　坐标面板

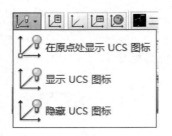

图 1-22　UCS 显示方式

1. 移动、重新定位 UCS 原点

AutoCAD 2014 人性化地做到了用夹点移动坐标的方式，单击 UCS 图标，坐标上出现三个蓝色标记，光标放在如图 1-23 所示位置，出现文字说明，单击该夹点拖动，即可重新定位 UCS 原点位置，如图 1-24 所示。

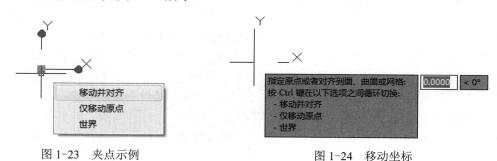

图 1-23　夹点示例　　　　　　　　　　　　图 1-24　移动坐标

2. 旋转 X、Y 或 Z 轴重新确定工作面

以旋转 Y 轴为例，光标放在 Y 轴顶点的圆形夹点处，提示如图 1-25 所示，参考文字说明，单击该夹点，可拖转 Y 轴的方向，将 极轴追踪打开配合使用，可以方便地确定新的工作面，如图 1-26 所示。其他坐标轴的旋转方式与此操作同。

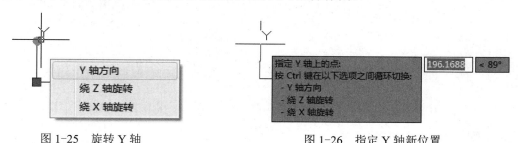

图 1-25　旋转 Y 轴　　　　　　　　　　　图 1-26　指定 Y 轴新位置

3. 使用三点指定 UCS 新方向

可以使用三个点定义新的用户坐标系，其方法是单击 三点按钮，指定新原点、指定新的 X 轴上的点，以及指定新的 XY 平面上的点，如图 1-27 所示。

4. 更改 UCS 的 Z 轴方向

其方法是在坐标面板中单击 按钮，接着指定新的原点及定位 Z 轴上的一点。

5. 将用户坐标系的 XY 平面与屏幕对齐

在坐标面板中单击 按钮，使 UCS 的 XY 平面与垂直于观察方向的平面对齐，原点保持不变，但 XY 轴分别变成水平和垂直。

三点

使用三个点定义新的用户坐标系

这三点可以指定原点、正 X 轴上的点以及正 XY 平面上的点。

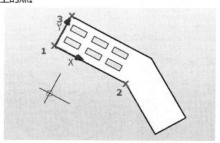

图 1-27　三点指定 UCS 新方向

6. 将用户坐标系与选定三维实体上的面对齐

单击 中的下拉三角按钮，选择 图标，接着选择所需的实体面，则可使 UCS 与实体上的面对齐。

1.4.2 简单三维实体建模方法

AutoCAD 2014 中，绘制三维模型时，可以通过程序提供的基本实体命令绘制出一些简单的实体造型。这些简单实体包括长方体、圆柱体、球体、圆锥体、圆环体、锥体、楔体等。这些实体可以通过编辑、布尔运算（即差集、并集、交集）组合构成复杂实体，满足用户的需要。较为复杂的实体，可以用拉伸、旋转、扫掠等结合三维编辑来绘制。

（1）使用"长方体"命令 长方体 ，可以创建三维实体长方体。长方体的底面与当前的 XY 平面（工作平面）平行。在 Z 轴方向上指定长方体的高度，可以为正值和负值，如图 1-28 所示。

（2）使用"圆柱体"命令 圆柱体 ，可以创建圆柱体。方法是指定圆心、圆柱体半径，在 Z 轴方向指定高度，如图 1-29 所示。

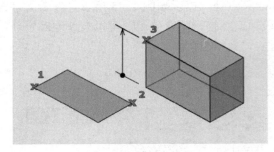

图 1-28　长方体

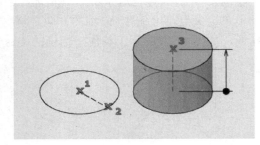

图 1-29　圆柱体

（3）使用"球体"命令 球体 ，可以创建三维实心球体。方法是指定圆心和半径或直径来创建，如图 1-30 所示。

（4）使用"圆锥体"命令 圆锥体 ，可以以圆或椭圆为底面，方法是指定底面圆心，指定半径或直径，指定高度。若想创建圆台则输入字母 T，指定顶面的半径或直径，如图 1-31 所示。

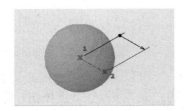

图 1-30　球体

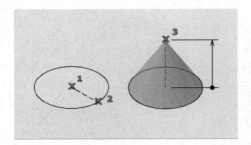

图 1-31　圆锥体和实体圆台

（5）使用"圆环体"命令 ⊙ 圆环体，可以创建与轮胎内胎相似的环形实体。圆环体由两个半径值定义，一个是圆管的半径，另一个是圆环体中心到圆管中心的距离，如图1-32所示。

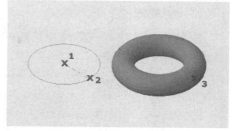

图1-32　圆环体

1.4.3　较复杂三维实体建模方法

我们把能发挥创意的几种实体绘图工具结合实体编辑使用，以求达到绘制较为复杂的三维图形的目的。这些命令包括多段体、拉伸、旋转、扫掠等。

1. 多段体

单击"多段体"命令，可以创建墙、板类三维实体图样。如绘制低压配电柜柜体外壳，如图1-33所示。

操作步骤如下。

（1）单击"多段体"命令，移动光标到界面，不要点按，看命令提示：

POLYSOLID 指定起点或 [对象(O) 高度(H) 宽度(W) 对正(J)] <对象>:

（2）用键盘输入字母H，回车后输入1 800，回车确认。

（3）再输入字母W，回车，继续输入数据2，回车确认。

（4）在界面上确定某点位置，单击鼠标左键，开始绘制柜体外形。

（5）打开正交模式，输入数据分别为800、600、800；输入字母c闭合（注意不能输入数值600实现闭合），回车结束。

2. 拉伸

可以拉伸的对象有圆、椭圆、正多边形、用"矩形"命令绘制的矩形、封闭的样条曲线、封闭的多段线、面域等。拉伸的结果是将一个平面拉伸出一定的高度或厚度。以拉伸一段楼梯台阶为例，练习"拉伸"命令。

（1）将视图方向在"常用"→"视图"中调整为"前视图"选项，用"直线"命令绘制台阶，如图1-34所示。

（2）调整为东南等轴测视图，单击"常用"→"绘图"→"面域"命令 ⊙，全选画好的台阶，回车。

（3）单击"常用"→"建模"→"拉伸"命令，选择面域后的台阶作为拉伸对象，回车，用光标引导拉伸方向，合适时单击鼠标左键结束，如图1-35所示。

图1-33　柜体外壳

扫一扫看多段体柜体外壳操作视频

扫一扫看拉伸台阶操作视频

图1-34　绘制台阶

图1-35　拉伸台阶

3. 旋转

旋转的条件是有一根能绕其旋转的轴，将选定的线段、曲线等绕轴旋转即能创建三维实体，如图 1-36 所示。

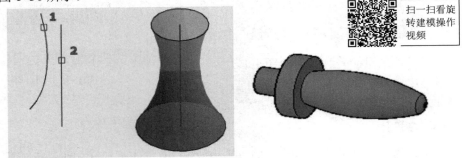

扫一扫看旋转建模操作视频

图 1-36　旋转建模

4. 扫掠

扫掠是通过沿路径扫掠轮廓的方式，来创建三维实体。沿路径扫掠轮廓时，轮廓将被移动并与路径垂直对齐。以一条扭曲的钢筋为例，讲解"扫掠"命令。

（1）东南等轴测视图，视觉样式选择概念，世界坐标系。

（2）由原点起绘制一条样条曲线，如图 1-37 所示。

（3）绘制一个正六边形；单击"扫掠"命令，选择正六边形，回车。

（4）输入字母 T，回车；输入扭曲角度值 720，回车。

（5）靠近样条曲线的左端单击该曲线，完成扭曲钢筋，如图 1-38 所示。

图 1-37　样条曲线和六边形　　　　　图 1-38　应用扭曲角度的示例

扫一扫看旋转建模操作视频

1.4.4　高级三维建模方法

主要介绍三维实体编辑与操作的一些知识，包括差集、并集、交集、圆角边等。

1. 差集

在 AutoCAD 帮助文件中有这样一段话：差集 A–B，从现有正在运行的选择集中减去新查询的结果或图形选择，实质就是从一个实体对象中减去另一个与之重叠的实体对象的过程。操作方法是，选择要保留的对象，按回车键，然后选择要减去的对象，如图 1-39 所示。

2. 并集

选择类型相同的两个实体对象，合并为一个实体。单击"并集"命令，选择两个要合并的实体时不分先后，如图 1-40 所示。

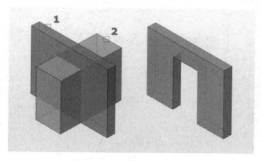

图 1-39 差集运算

图 1-40 并集运算

3. ◎◎ 交集

保留两个重叠实体互相重叠的部分，

扫一扫看差集
运算操作实例
操作视频

扫一扫看并集
运算操作实例
操作视频

操作简单，即单击"交集"按钮，接着选择要求交集的两个或两个以上的对象，回车确认即可。但这种方式可以轻松创建复杂实体对象。交集运算示例如图 1-41 所示。

扫一扫看交集运算示
例（电器固定曲板绘
制）操作视频

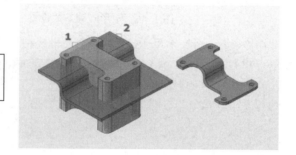

图 1-41 交集运算示例

新建图纸并另存为"电器固定曲板"；单击"常用"→"图层"→"图层特性"按钮，在弹出的图层特性管理器面板中新建四个图层：辅助线、工字钢、孔、曲板，设置如图 1-42 所示。

在视图选项中设置为二维线框、俯视图，如图 1-43 所示。

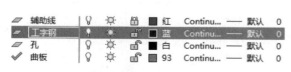

图 1-42 设置图层

图 1-43 视图设置

打开"正交"命令，切换到工字钢图层，用直线工具绘制 100×50 矩形，上下两条线各向内偏移 10，左右两条线各向内偏移 20，如图 1-44 所示。

修剪掉多余线段，单击"圆"命令，捕捉矩形如图 1-45 所示中点位置，向下牵引光标，确保光标与蚂蚁线重合，输入圆心位置距离 10，如图 1-45 所示。

图 1-44　绘制工字钢轮廓　　　　　　　　图 1-45　确定圆心位置示意图

绘制 R5 圆，单击"矩形阵列"命令，在出现的对话框中设置参数，如图 1-46 所示，阵列结果如图 1-47 所示。

列数：	2	行数：	2	级别：	1	关联	基点	关闭阵列
介于：	80	介于：	-30	介于：	1			
总计：	80	总计：	-30	总计：	1			
列		行 ▼		层级		特性		关闭

图 1-46　矩形阵列参数设置

单击"圆角"命令 🔲，输入字母 R 回车，输入半径值 5 回车，分别单击直角相交的两条线，完成倒圆角。重复"圆角"命令按空格键，全部完成倒圆角后如图 1-48 所示。

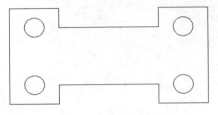

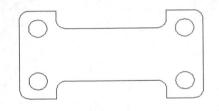

图 1-47　阵列结果　　　　　　　　　　图 1-48　倒圆角效果

阵列后的四个孔自动成为整体，将无法编辑，单击"分解"按钮 🔲，选择孔，完成分解。分解后将其送入孔图层，并隐藏该图层。将工字钢轮廓的各线段合并成封闭线，方法是：单击"绘图"→"面域"按钮 🔲，圈选工字钢轮廓线，回车确认，如图 1-49 所示。

切换到辅助线图层，绘制中心定位线，接着绘制曲板外轮廓定位线，曲板画得比较宽大，是为了将来交集运算时少出差错，如图 1-50 所示。

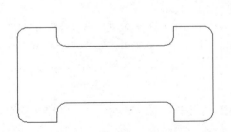

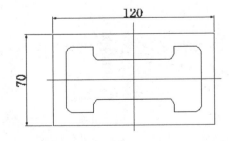

图 1-49　将轮廓线转换为封闭线　　　　　图 1-50　曲板定位

隐藏辅助线图层，打开孔图层，单击"拉伸"命令，选中所有对象，回车，输入拉伸

距离 100，回车确认。单击"差集"命令，单击工字钢，回车；再单击四个孔，回车。差集运算完毕，将视图更换为东南等轴测，显示如图 1-51 所示。将视觉样式调整到概念（观察后仍返回到二维线框作图），如图 1-52 所示。

打开辅助线图层，将其置为当前。删掉多余辅助线后，仅保留图示一条辅助线备用（前面辅助线的画法主要是为直观掌握尺寸界线），如图 1-53 所示。

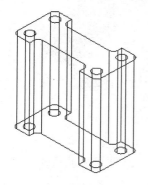 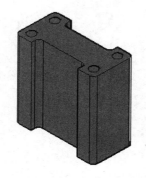 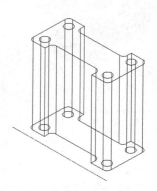

图 1-51　拉伸后二维线框显示　　图 1-52　拉伸后概念视觉样式显示　　图 1-53　保留一条辅助线

将视图调整到前视图，用鼠标滚轮适当缩放到合适位置。单击"偏移"命令，设置偏移距离 5，将辅助线向下偏移三次。隐藏工字钢图层。取水平线中点画一条垂直线作为曲板弯曲的对称轴。将其向左右各偏移 2.5，删掉中心轴线。单击"圆角"命令，R 值为 5，完成曲板外侧圆角，如图 1-54 所示。

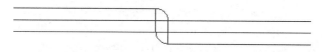

图 1-54　曲板外侧圆角

单击"圆角"命令，R 值为 2，完成曲板内侧圆角。用"直线"命令闭合连接两端点，用"面域"命令将其转化为面，如图 1-55 所示。

图 1-55　曲板侧面轮廓

将曲板选择送到曲板图层并设为当前图层，打开工字钢图层。单击"移动"命令✛，选择曲板，回车；按照提示，选择基点垂直向上移动 70，确定，如图 1-56 所示。

视图调整到东南等轴测，单击"拉伸"命令，选择曲板拉伸 70，由光标移动确定拉伸方向。完成后视觉样式选择为概念，如图 1-57 所示。单击"交集"按钮，先点选曲板后点选工字钢，回车，如图 1-58 所示。若单击"交集"按钮后，先点选

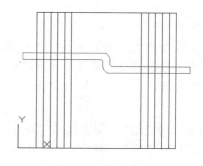

图 1-56　曲板位置

工字钢，再点选曲板，则如图 1-59 所示，可见完成绘图的颜色跟随先点选的图层。

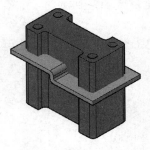
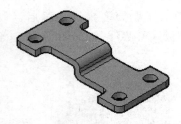
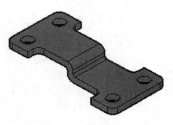

图 1-57　概念视觉样式　　　图 1-58　交集运算后颜色随曲板图层　　　图 1-59　颜色随工字钢图层

项目实施

下面将要用 AutoCAD 完成绘制低压配电柜柜体的任务。同时也将把更多的机械制图与识图知识融合在 AutoCAD 绘图的过程中加以介绍。

我们知道，机械制图是用图样确切表示机械的结构形状、尺寸大小、工作原理和技术要求的学科。图样由图形、符号、文字和数字等组成，是表达设计意图和制造要求及交流经验的技术文件，常被称为工程界的语言。绘图之前首先要了解一张完整的图纸包含哪些基本要素，才能知道在 AutoCAD 中需要设置哪些具体参数。一张完整的技术图纸设置大致包含以下要素。

（1）图幅。图纸的大小，即图幅是 A0～A4 的哪一种尺寸。AutoCAD 中要设置图幅尺寸的大小。

（2）标题栏。图纸上有标题栏，AutoCAD 中要设置符合标准的标题栏。

（3）尺寸标注样式。图纸上有尺寸的标注。AutoCAD 是美国人推出的绘图工具，要按照中国的标准设置标注样式。

（4）文字样式。图纸上有技术文字的说明。AutoCAD 中包含很多种文字样式，要设置符合国家标准的文字样式。

（5）线型与线宽。绘图使用不同粗细和形式的线宽、线型。AutoCAD 中要根据需要设置图层及视觉颜色来对应。

（6）绘图的单位。选择单位是毫米还是厘米。AutoCAD 中要设置绘图的单位。

> 所有这些设置都是为了在符合国家标准的前提下完成绘图任务，而这在 AutoCAD 的操作中称为绘图环境设置。也就是说，规范地用 AutoCAD 绘图，打开软件的第一件事就是要先设置绘图环境。AutoCAD 绘图是以原件的尺寸 1∶1 绘制的，所以有些图也可以在画完后，设置具体的图纸大小和缩放比例，再打印出图。

1.5　AutoCAD **绘图环境的设置**

下面以 A3 图幅为例进行说明。

1. 设置图层

打开 AutoCAD 2014，切换为经典模式。在菜单栏中找到"格式"，将鼠标指针移动到该位置，单击，弹出下拉列表。单击"图层"，弹出图层特性管理器。单击 ⚒ 图标 6 次，即新建 6 个图层，按照图 1-60 所示，为每个图层起好名字。

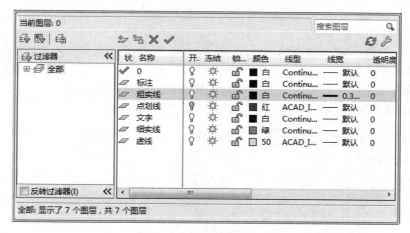

图 1-60　图层特性管理器

2. 设置图层颜色、线型和线宽

1）颜色设置

各图层的颜色设置可以用口诀来记忆：粗细虚点，白绿黄红。

将鼠标指针放在颜色与图层交叉的位置，单击色块，弹出如图 1-61 所示的"选择颜色"对话框。选择适当的颜色，单击"确定"按钮，该图层的颜色即可改变成需要的颜色。

2）线型设置

将鼠标指针放在线型与图层的交叉位置，单击 Continu...，会弹出如图 1-62 所示的"选择线型"对话框。默认的线型只有实线，所以虚线和点画线都需要加载才行。

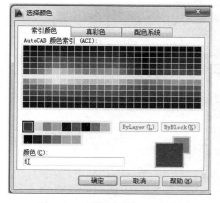

图 1-61　"选择颜色"对话框

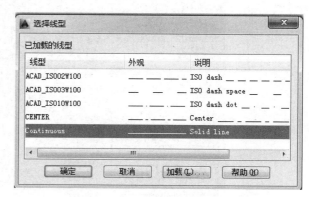

图 1-62　"选择线型"对话框

单击 加载或重载线型 按钮，弹出如图 1-63 所示的"加载或重载线型"对话框。在该对话框中选择需要加载的线型。

虚线为ACAD_ISO02W100，点画线为ACAD_ISO04W100。

单击"确定"按钮后会返回"选择线型"对话框，再次点选该图层对应的虚线或点画线，单击"确定"按钮后，线型设置成功。（注意：这一过程需要两步设置，可反复练习，熟练掌握。）

3）线宽设置

将鼠标指针放在线宽与粗实线图层交叉的位置，单击"—— **默认**"中"默认"两字前的横线，会弹出"线宽"对话框，如图 1-64 所示，选择合适的线宽后单击"确定"按钮。线宽设置要符合国家标准的规定。本次设置粗实线线宽为 0.30 mm，其他线宽为默认宽度 0.15 mm，符合国家标准中细实线宽度/粗实线宽度为1/2 的规定。

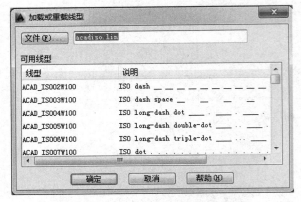

图 1-63 "加载或重载线型"对话框

图 1-64 "线宽"对话框

3. 文字样式设置

回到"格式"菜单，单击"文字样式"，弹出"文字样式"对话框。单击"新建"按钮，在弹出的对话框中建立自己的文字样式，命名为"文字"，确定后返回，如图 1-65 所示。设置完成后，单击"置为当前"按钮，再单击"关闭"按钮。

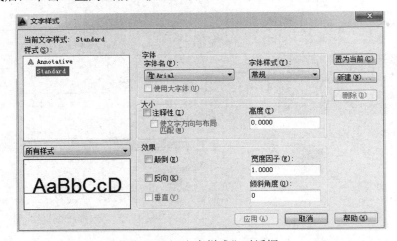

图 1-65 "文字样式"对话框

4. 标注样式设置

回到"格式"菜单，单击"标注样式"，弹出如图 1-66 所示"标注样式管理器"对话框。可以单击"修改"按钮，修改当前的参数；也可以单击"新建"按钮，创建一个自己需要的样式。

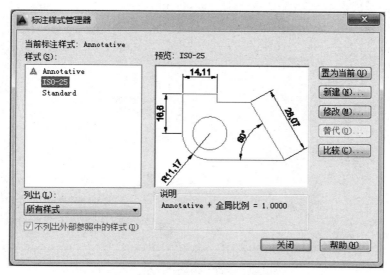

图 1-66 "标注样式管理器"对话框

（1）设置"线"选项卡，在弹出窗口设置参数，如图 1-67 所示。

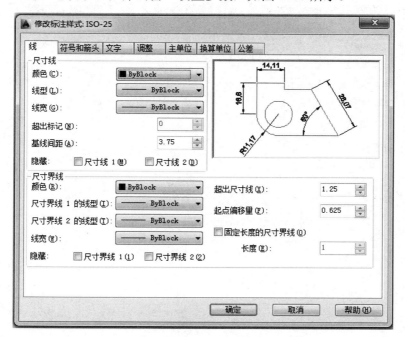

图 1-67 "线"选项卡

（2）切换到"符号和箭头"选项卡，设置此选项卡中的参数，如图 1-68 所示。

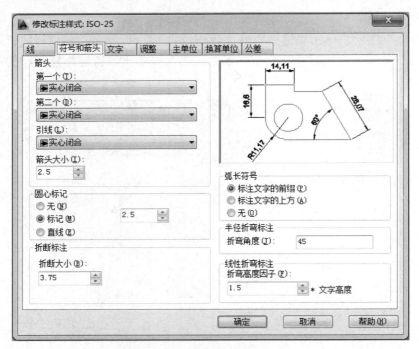

图 1-68　"符号和箭头"选项卡

（3）切换到"文字"选项卡，设置参数如图 1-69 所示。

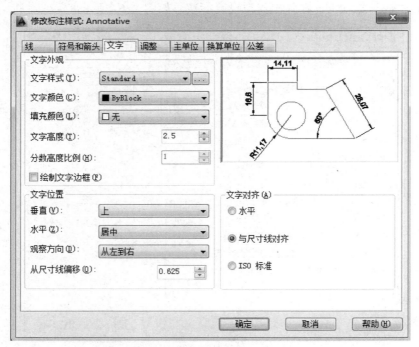

图 1-69　"文字"选项卡

（4）切换到"调整"选项卡，设置参数如图 1-70 所示。

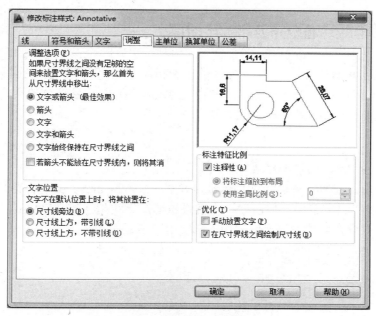

图 1-70 "调整"选项卡

（5）切换到"主单位"选项卡，设置参数如图 1-71 所示。

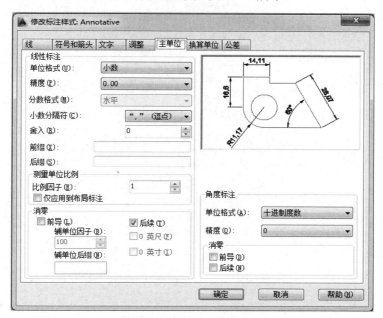

图 1-71 "主单位"选项卡

（6）其他选项的参数保持默认，单击"确定"按钮，返回"标注样式管理器"对话框，单击"置为当前"按钮，再单击"关闭"按钮，完成标注样式设置。

设置完成后取好名字保存备用。其他设置如比例因子、图形界线等，在绘图中会适时讲解。

1.6 低压配电柜平面图的绘制与识读

低压配电柜由柜体、柜门、仪表台（仪表和指示灯）、手柄、散热孔等部分组成，如图 1-3 所示。根据三视图的制图规律，我们来由浅入深地介绍各部分的具体绘图步骤，并在绘图过程中详细介绍绘图命令的使用方法。

1. 绘制柜体

1）打开 AutoCAD，切换到经典样式

创建绘图环境，根据柜体尺寸 1 800 mm×800 mm×600 mm（长×宽×高）选择图纸图幅为 A3，将尺寸放大 10 倍，如前所述按步骤设置图层、线型，但文字样式、标注样式要随放大倍数做相应改变，具体参数设置如图 1-72、图 1-73 所示。

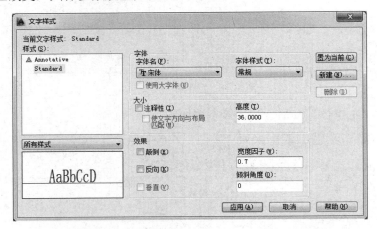

图 1-72 A3 图纸放大 10 倍的文字样式设置

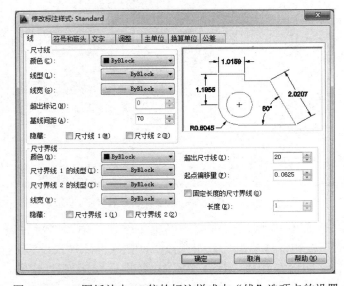

图 1-73 A3 图纸放大 10 倍的标注样式中"线"选项卡的设置

在"符号和箭头"选项卡中，箭头大小(I):设置为30，其他不变。

在"文字"选项卡中，将  文字样式 设置为 Annotative ⌄ ...，文字高度设置为35，从尺寸线偏移(0):改为 10.00 ，其他不变。

2）保存文件

单击"文件"菜单中的"另存为"命令，在"图形另存为"对话框中命名为低压配电柜柜体。选择文件类型为 文件类型(T): AutoCAD 2004/LT2004 图形 (*.dwg)，单击 保存于(I): 我的文档，选择文件要保存的路径，如桌面（机房的设备设置了还原卡，关机后再启动就会消失）。建议保存在自己的U盘或其他存储卡中备用。

3）调用绘图工具

在介绍 AutoCAD 界面时，曾经讲到过工具栏的认知内容。竖立在界面左侧的工具条叫绘图工具栏，将鼠标指针放在工具栏位置，按下鼠标左键不放，可以移动工具栏的位置；将鼠标指针放在其中的工具图标位置，稍停，会有汉字显示的相关说明。

> 一旦不小心关闭了某工具栏，它会在界面上消失。恢复显示有两种方法：一是将鼠标指针放在现有的任意工具栏上，右击，会弹出工具条对话框，勾选该工具栏；二是通过下拉菜单"工具"→"工具栏"→"AutoCAD"对应的子菜单命令，也可以打开 AutoCAD 的各工具栏。

4）绘制配电柜外形图

执行绘图命令，绘制 1 800 mm×800 mm×600 mm（长×宽×高）低压配电柜外形图。我们采用指针拾取命令的方式来执行命令。

（1）单击 ╱ 按钮，移动指针到绘图界面上（此时禁止其他任何无关操作），十字光标的右下角和命令行中会同时提示"指定第一个点"，即 指定一个点: 1757.3841 1723.5124 ，╱ ⌄ LINE 指定第一个点:，这是因为两点才能确定一条直线。

（2） 1757.3841 1723.5124 显示的是当前十字光标的坐标位置。在绘图界面上适当位置单击鼠标左键，就确定了直线的第一个点。

（3）移动十字光标，确定直线的方向，当前可以画任意方向的直线。

（4）如果要绘制垂直或水平的直线，可以借助于状态栏中的辅助绘图工具，打开"正交"按钮 ⌐ 配合画图。该按钮默认是关闭的，颜色为暗灰色，打开后即高亮显示。也可以按 F8 键打开或关闭正交模式。光标水平移动，保持在水平位置（千万不要按任何按键），输入距离 800，回车或按空格键；继续垂直向下移动光标，输入距离 1 800，回车或按空格键；水平向左移动光标，输入距离 800，回车或按空格键；垂直向上移动光标，输入距离 1 800，回车或按空格键，柜体主视图完成。

5）指定图层与显示线宽

柜体的轮廓线是粗实线，设置的线宽是 0.3 mm，而现在绘制的线没有选择任何图层，线宽显然也不是粗实线。可以把画好的这些线条送入粗实线的图层中去。

选择画好的主视图，选择的常用方法为：（1）用鼠标左键逐个单击线条，选中后线条上会出现蓝色的小方块，这些小方块叫夹点；（2）用矩形窗口选择，将鼠标指针放在图形的左上方，按住鼠标左键向右下方拉动出一个涵盖图形的矩形，松开鼠标左键，即选择了全部图形。确认各条线都出现了蓝色夹点，标志已全部选中。单击图层工具栏 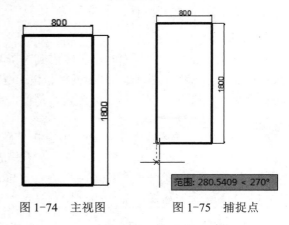 中的下拉三角按钮，出现对话框时，单击粗实线图层，即完成图形向预定图层的移动。绘制好的柜体主视图如图 1-74 所示。

> 记住以后我们绘制什么线型，要先选择该线型所在的图层，养成良好的绘图习惯。

状态栏中有个线宽显示按钮，默认是关闭的，打开它，线宽就会显示出来。

> 为了准确捕捉线段位置，平时绘图一般选择关闭该按钮，只在打印时打开，满足打印要求。

绘制柜体的俯视图、左视图是根据三视图规律"长对正、高平齐、宽相等"进行操作的。再次单击按钮，移动鼠标指针到主视图左下角，出现绿色方块标记时，垂直向下移动指针，有一条蚂蚁线跟随出现，如图 1-75 所示。

图 1-74　主视图　　　图 1-75　捕捉点

> 绿色方块叫捕捉点，蚂蚁线叫追踪线，它保证了下一条直线的起点与主视图的左下角点准确对齐。以后我们要利用这种绘图特性，达到快速绘图的目的。

在适当位置单击鼠标左键，确定俯视图的起始点，按照绘制主视图的方式输入尺寸数据。用同样的方法，可以绘制左视图。完成后的柜体三视图如图 1-76 所示。

标注尺寸。单击菜单栏中的"标注"→"线性"，选择相应线段捕捉其端点，按提示单击指针。

2. 绘制柜门及仪表台（门）

下柜门尺寸为 740 mm×1 200 mm×30 mm（宽×高×门厚度），上柜门（即仪表台）尺寸为740 mm×500 mm×30 mm（宽×高×门厚度），门到外轮廓线的边距为 30 mm，如图 1-77 所示。

1）主视图中上、下柜门绘图步骤
用"直线"命令，按下面步骤绘图。

> 提示：确定某点的位置经常要用坐标来定位。AutoCAD 绘图常用的坐标分为绝对坐标和相对坐标，它们都有两种最常用的坐标形式：直角坐标、极坐标。
>
> 　　绝对直角坐标：是指相对于坐标原点的直角坐标值，输入格式为 x,y，如（30,40），坐标值之间要用逗号隔开（逗号作为分隔符使用，一定要在英文输入法状态，才能保证准确无误）。x 坐标向右为正；y 坐标向上为正，反之为负。

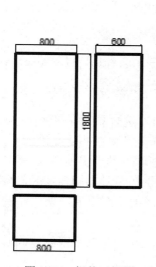

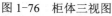

图 1-76　柜体三视图

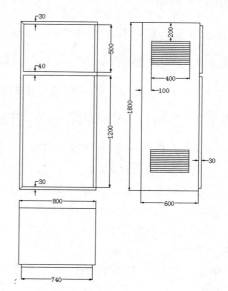

图 1-77　低压配电柜柜体及柜门三视图

> 相对直角坐标：是指相对于前一点的相对坐标位置，输入格式为@x,y，如（@30, 40），特点是要在输入的坐标前加前缀 "@"。
>
> 相对极坐标：是用极坐标表示二维点，其表示方法为@距离<角度，特点是用小于号作为分隔符。

（1）单击　命令后，移动十字光标，捕捉到主视图的左下角点，单击鼠标左键，可以确定直线第一点，然后，直接输入（@30,30），确定第二点，回车，画出一条辅助线。接着用直线工具，按尺寸画出下柜门的矩形。

（2）画好矩形后，点选辅助线，单击修改工具栏中的　按钮，删掉辅助线。

（3）再次单击 "直线" 命令，移动十字光标，捕捉到主视图的左上角点，单击确定直线第一点，输入（@-30,-30），回车，画出一条辅助参考线，按尺寸画出上柜门。

（4）画好矩形后，选择辅助线，单击修改工具栏中的　按钮，删掉辅助线。

2）画出柜门的俯视图和左视图

用 "直线" 命令，按照三视图的规律画出柜门的俯视图和左视图。此部分留给同学们自行完成。

> 上面两部分，学习的主要绘图工具是 "直线" 命令　、"正交" 命令　、"删除" 命令　。初步认识标注方法和标注过程，了解夹点和追踪线的使用方法；复习三视图作图规律；复习绘图环境设置等。

3. 绘制图幅边框及图形界限

1）绘图命令

这里要使用的新的绘图命令是 "矩形"　、"偏移"　。

（1）"矩形"命令使用方法：根据指定的尺寸或条件绘制矩形。单击"绘图"工具栏上的▭（矩形）按钮，或选择"绘图"→"矩形"命令，AutoCAD 提示：

> 指定第一个角点或 [倒角(C)/标高(E)/圆角(F)/厚度(T)/宽度(W)]：

其中，"指定第一个角点"选项要求指定矩形的一个角点。执行该选项，AutoCAD 提示：

> 指定另一个角点或 [面积(A)/尺寸(D)/旋转(R)]：

此时可通过指定另一个角点绘制矩形，通过"面积"选项根据面积绘制矩形，通过"尺寸"选项根据矩形的长和宽绘制矩形，通过"旋转"选项绘制按指定角度放置的矩形。

"倒角"选项表示绘制在各角点处有倒角的矩形。"标高"选项用于确定矩形的绘图高度，即绘图面与 XY 面之间的距离。"圆角"选项确定矩形角点处的圆角半径，使所绘制矩形在各角点处按此半径绘制出圆角。"厚度"选项确定矩形的绘图厚度，使所绘制矩形具有一定的厚度。"宽度"选项确定矩形的线宽。

（2）"偏移"命令的使用方法：偏移操作又称为偏移复制，可以用来创建同心圆、平行线或等距曲线。

单击"修改"工具栏上的"偏移"按钮 ⬓，或选择"修改"→"偏移"命令，AutoCAD 提示：

> 指定偏移距离或 [通过(T)/删除(E)/图层(L)] <通过>：

输入要偏移的距离，回车，AutoCAD 提示：

> 选择要偏移的对象或 [退出(E)/放弃(U)] <退出>：

选择偏移对象后，AutoCAD 提示：

> 指定要偏移的那一侧上的点或 [退出(E)/多个(M)/放弃(U)] <退出>：

在要复制到的一侧任意确定一点。

2）快速绘制 A3 图纸边框线

（1）打开设置好的 A3 图纸，绘制图框。

（2）单击"矩形"命令▭，移动光标到界面。

（3）将输入法切换到英文状态。

（4）输入第一点坐标（0,0），回车；继续输入第二点坐标（420,297），回车。

（5）关闭"栅格"按钮▦，单击菜单栏中的"视图"按钮，在下拉列表中找到"缩放"→"全部"，单击后，A3 图纸边框线绘制完成。

3）绘制不留装订边的图形界限

按照 A3 横幅图纸规定，不留装订边时，图纸边框线距离边界尺寸为 5 mm。

（1）单击"修改"工具栏中的"偏移"命令 ⬓，移动光标到界面。

（2）按照命令行或动态提示，输入偏移距离 5。

（3）选择要偏移的对象为刚刚绘制的边界线（光标放在边界线上单击鼠标左键拾取该线），选择偏移方向为边界线的内部，单击鼠标左键。

（4）按 Esc 键结束命令。图形界限绘制完成。

（5）选择图框线将其送入粗实线图层。

4．绘制标题栏

1）新绘图命令

学习和使用新绘图命令"修剪" -/-- 、"移动" ✛ 。复习直线工具、偏移工具、修剪工具。

（1）"修剪"命令的使用技巧：单击 -/-- 光标移回界面，命令行和动态提示选择对象，这时拾取的线段会出现蚂蚁线，如图 1-78 所示。这些蚂蚁线是保留的对象，蚂蚁线所包围的那些线段才是要被删除的线段。选择好要保留的线段后，右击，提示选择要修剪的对象，用窗口法选择要删除的对象，就可以删除。单击"修剪"命令后直接按右键，可以删除单一的对象目标。

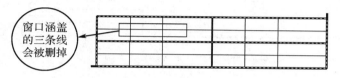

图 1-78 修剪对象的选择

（2）"移动"命令：将选中的对象从当前位置移到另一位置，即更改图形在图纸上的位置。

单击"修改"工具栏上的"移动"按钮 ✛ ，或选择"修改"→"移动"命令，AutoCAD 提示：

选择对象：(选择要移动位置的对象)

此时可以选择多个对象。选择好对象后回车确认，AutoCAD 提示：

指定基点或 [位移(D)] <位移>：

确定移动基点，即指定移动基点后，AutoCAD 提示：

指定第二个点或 <使用第一个点作为位移>：

在此提示下移动对象到指定位置单击鼠标左键，完成移动。

2）绘制简化标题栏

按照图 1-11 所示简化标题栏的尺寸绘图。

（1）使用"直线"命令绘制矩形：水平方向 140，竖直方向 32。

（2）拾取左侧竖线向右分别偏移 20、20、30、20、20。

（3）拾取下侧水平线向上偏移两次，偏移距离为 8。

> 偏移距离不变时可以连续执行命令，改变偏移距离要重新执行"偏移"命令。

（4）用"修剪"命令 -/-- ，修剪掉多余的线段。

（5）整体选中标题栏，移动到图纸边框的右下角，如图 1-79 所示。

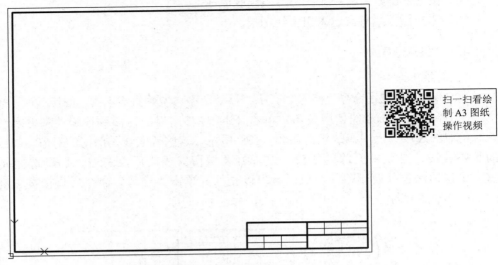

扫一扫看绘制 A3 图纸操作视频

图 1-79 学院专用 A3 图纸样例

5. 在标题栏中输入单行文字

1）学习和使用新命令：单行文字

单击"绘图"→"文字"→"单行文字"菜单项，指定文字的起点：定义文本输入的起点，默认情况下对正点为左对齐。如果前面输入过文本，此处直接按 Enter 键响应起点提示，则跳过随后的高度和旋转角度的提示，直接提示输入文字，并使用前面设定好的参数，同时起点自动定义为最后绘制文本的下一行。

2）输入文字

如果单击单行文字后输入字母 J，则会出现一行提示：

指定文字的起点或 [对正(J)/样式(S)]：J

A|- TEXT 输入选项 [对齐(A) 布满(F) 居中(C) 中间(M) 右对齐(R) 左上(TL) 中上(TC) 右上(TR) 左中(ML) 正中(MC) 右中(MR) 左下(BL) 中下(BC) 右下(BR)]：

我们可以输入对应选项尝试效果。

（1）对齐（A）：确定文本的起点和终点，AutoCAD 自动调整文本的高度，使文本放置在两点之间，保持文字的高和宽之比不变。

（2）布满（F）：确定文本的起点和终点，AutoCAD 自动调整文本的宽度以便将文本放置在两点之间，此时文字的高度不变。

（3）居中（C）：确定文本基线的水平中点。

其余选项不再赘述，可在使用中慢慢熟悉。

6. 输入多行文字

学习和使用新命令：多行文字 **A** 。

（1）单击"绘图"→"文字"→"多行文字"菜单项。

（2）单击"文字"→"多行文字"工具栏按钮。

执行上述命令后，在绘图窗口指定一个放置多行文字的矩形区域，然后打开"文字格式"工具栏和文字输入窗口，如图 1-80 所示。利用它可以设置多行文字的样式、字体及大小等属性。输入好文字的标题栏见图 1-11。

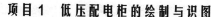

图1-80 "文字格式"工具栏和文字输入窗口

7. 绘制仪表及指示灯

1）学习和使用新绘图命令：圆、圆弧、点、阵列、圆角、填充、分解

（1）"圆"命令：单击"绘图"工具栏上的"圆"按钮 ⊙，AutoCAD 提示：

> 指定圆的圆心或 [三点(3P)/两点(2P)/相切、相切、半径(T)]：

其中，"指定圆的圆心"选项用于根据指定的圆心及半径或直径绘制圆弧；"三点"选项根据指定的三点绘制圆；"两点"选项根据指定的两点绘制圆；"相切、相切、半径"选项用于绘制与已有两对象相切，且半径为给定值的圆。

（2）"圆弧"命令：AutoCAD 提供了多种绘制圆弧的方法，可通过图 1-81 所示的"圆弧"子菜单执行绘制圆弧操作。

默认的左侧工具条中只有 ⌒ 三点确定圆弧的命令；绘制圆弧时注意命令行的提示，按步骤绘制即可。更多的命令在"绘图"菜单下，其中凡带有"起点"字样的圆弧绘图命令，由起点向逆时针方向为正。

（3）"点"命令：单击 · 按钮，即可在绘图区绘制出点。点的样式可以通过执行"格式"→"点样式"命令，打开"点样式"对话框进行设置，见图 1-82。

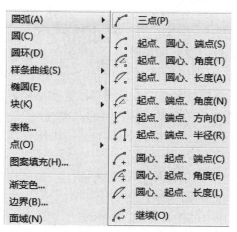

图1-81 "圆弧"子菜单

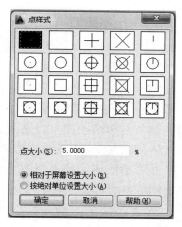

图1-82 "点样式"对话框

执行菜单命令"绘图"→"点"→"定数等分"，可以定数等分线段；执行菜单命令"绘图"→"点"→"定距等分"，可以定距等分线段。

（4）"阵列"命令：有三种阵列方式，即矩形阵列、路径阵列、环形阵列。前期版本中的阵列是通过对话框来实现的，新版中则可以采用拖动的方法，输入选项来操作。例如，单击矩形阵列，到界面上选择阵列对象，回车确认后会出现如图 1-83 所示界面，将鼠标指针放在某标记处，其显示如图 1-84 所示。

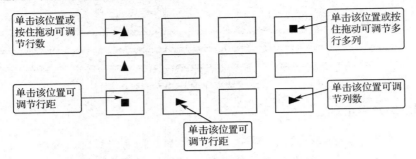

图 1-83　矩形阵列的调整

其余阵列方法与此类似，可在绘图中熟悉使用。

（5）"圆角"命令：单击"修改"工具栏中的 ▱ 按钮，AutoCAD 提示：

🔧 ▱ ▾ **FILLET** 选择第一个对象或 [放弃(U) 多段线(P) 半径(R) 修剪(T) 多个(M)]:

输入字母 R 回车；输入半径值数据，回车；单击要倒圆角的相邻两条线段，完成倒圆角操作。回车或按空格键，可以在不改变半径的前提下继续进行操作，如图 1-85 所示。

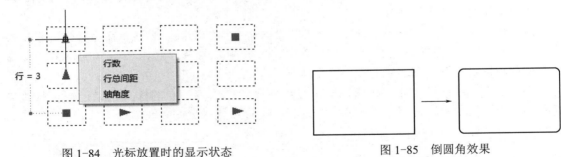

图 1-84　光标放置时的显示状态　　　　　　　图 1-85　倒圆角效果

（6）"填充"命令：单击"绘图"工具栏中的"填充图案"按钮 ▨ 或"渐变色"按钮 ▨，出现"图案填充和渐变色"对话框，如图 1-86 所示。

单击 图案(P): [ANGLE ▾] 后的 ▭ 按钮，弹出填充图案选项板，选择所需图案，确定后返回"图案填充和渐变色"对话框，此时样例显示选择后的图案样式。例如，样例: [▨▨▨▨]，填充线型的角度和疏密度可以通过改动角度、比例栏目中的数值来实现。选择要填充的对象，可以单击 ▣ 添加:拾取点(K) 或 ▣ 添加:选择对象(B) 来实现。

其中添加拾取点，须选择要填充的图形的内部，单击作为填充部位；添加选择对象，则须选择要填充的对象，实现填充。填充效果如图 1-87 所示。

（7）"分解"命令：▱ 分解是将一个整体拆开的过程。比如，用矩形工具绘制的图样是封闭的整体，用"分解"命令可以把它分解成四条独立的线段。对每条线段可单独编辑。

2）绘制仪表外形

按照仪表盘的尺寸 740×500，选择图纸尺寸为 A1（594×841），留装订边 25，留空白边界 10。根据讲过的方法绘制带标题栏和做好相应绘图环境设置的标准化图纸。

（1）用"直线"命令在粗实线图层绘制 740×500 的矩形。

图 1-86　"图案填充和渐变色"对话框

（2）将矩形上边线向下偏移 180 作为仪表定位线（辅助线 1），将辅助线 1 送到点画线图层。

（3）将辅助线 1 向下偏移 120 作为辅助线 2，确定仪表的高度。

（4）定数等分辅助线 1 为 5 份（设置点样式为 ▨），并在点画线图层过第一点绘制辅助线 3。

（5）将辅助线 3 向左偏移 60 作为辅助线 4，向右偏移 60 作为辅助线 5，确定仪表宽度位置；到粗实线图层，用"直线"命令捕捉各交叉点，如图 1-88 所示。

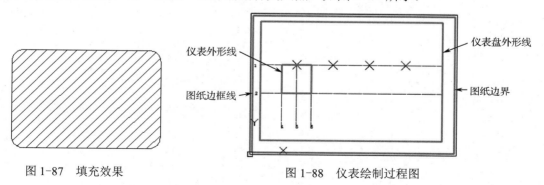

图 1-87　填充效果

图 1-88　仪表绘制过程图

3）绘制仪表指针轴及刻度定位线

（1）选择辅助线 2 向上、辅助线 5 向左偏移 40，定位表轴斜线，并用"直线"命令绘制斜线。

（2）用"圆"命令捕捉斜线中点（中点为三角标志，若不显示该标志可将光标移至对象捕捉点右击，在弹出的对话框中把中点选中）绘制 R10 圆；并过圆心点绘制长 90、互相垂直的刻度尺边界。

（3）用起点、圆心、端点绘制刻度路径线，并定数等分 20 份。

（4）隐藏点画线，用"多段线"命令设置线宽 0.3，捕捉等分点绘制 10、5 两种长度刻度线，如图 1-89 所示。

（5）阵列刚刚画好的刻度线，选择沿路径阵列，准确捕捉等分点定位距离。将点样式设置为 ⬤ ，点大小设置为绝对值 2，效果如图 1-90 所示。

（6）用多段线绘制表针，隐藏辅助线后如图 1-91 所示。

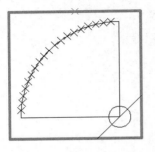 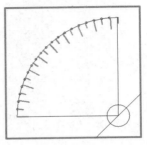 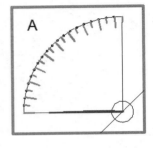

图 1-89 仪表刻度绘制过程图　　　图 1-90 刻度效果　　　图 1-91 单块仪表完成效果图

4）绘制指示灯

（1）打开隐藏的辅助线图层，将辅助线 2 向下偏移 50，将辅助线 4、5 向内侧偏移 30，确定指示灯的圆心位置。捕捉定位点绘制 R15 两个指示灯圆，如图 1-92 所示。

（2）删掉所有多余辅助线，将指示灯分别填充为红色和绿色。

（3）将绘制好的指示灯和仪表全部选中，复制粘贴到其他定数等分点，结果如图 1-93 所示，完成仪表盘绘制。

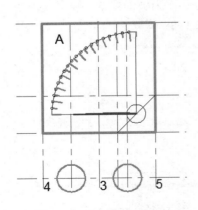 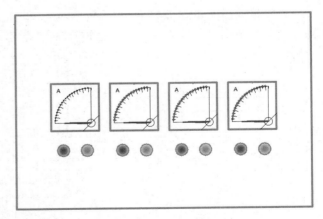

图 1-92 指示灯绘制过程　　　　　　　图 1-93 仪表盘完成效果图

8. 绘制手柄

手柄平面图如图 1-94 所示。

（1）切换到点画线图层，绘制中心辅助线和左侧台阶处竖向定位线。点画线的尺寸可

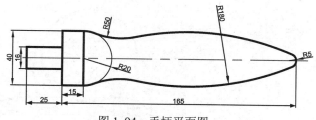

扫一扫看
绘制手柄
操作视频

图 1-94 手柄平面图

以根据图纸上图样的具体尺寸来确定,如定位线 1 长度为 200,定位线 2 长度为 50,如图 1-95 所示。

如果画得过长或过短,可以通过夹点来调整。点选一条线,该线会出现三个蓝色小方块,蓝色小方块就叫夹点。将光标指针放在端点的蓝色小方块上,单击后变成红色,移动光标就可以拉长、缩短甚至改变直线角度。

(2)将定位线 2 向左偏移 25,向右偏移 15,确定两个矩形的水平位置。

(3)将定位线 1 向上、向下各偏移 8;重复"偏移"命令,再将定位线 1 向上、向下各偏移 20,确定两个矩形垂直方向的位置,如图 1-96 所示。

(4)将定位线 2 向右偏移 165,确定手柄长度位置,如图 1-97 所示。

图 1-95 定位线　　　　　　图 1-96 定形辅助线　　　　　图 1-97 确定手柄长度位置

(5)切换到粗实线图层,用"直线"命令绘制手柄台阶部分,如图 1-98 所示;并将定位线 3 向左偏移 5,定位 R5 圆心,绘制 R5 小圆,如图 1-99 所示。

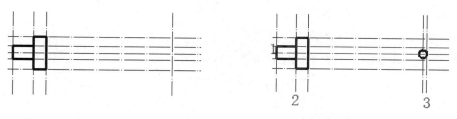

图 1-98 绘制手柄台阶部分　　　　　　　图 1-99 绘制 R5 小圆

(6)执行菜单命令"绘图"→"圆"→"相切、相切、半径",绘制手柄弧线圆,半径为 R180,如图 1-100 所示;单击"圆"命令,绘制台阶一侧手柄连接弧,如图 1-101 所示。

(7)修剪多余部分,用"相切、相切、半径"命令绘制如图 1-102 所示连接弧。

(8)修剪多余部分,如图 1-102 所示。

(9)单击"镜像"命令 ◢◣ 移动光标到界面,按提示选择镜像目标,出现蚂蚁线,回车,如图 1-103 所示。

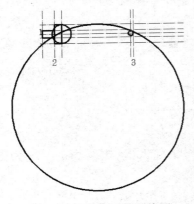

图 1-100　绘制手柄弧线圆

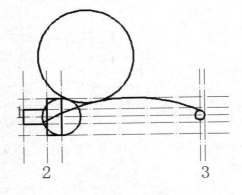

图 1-101　手柄连接弧

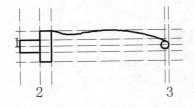

图 1-102　绘制连接弧并修剪多余部分

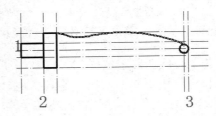

图 1-103　选择镜像目标

（10）按提示 ⚹ ▾ **MIRROR 指定镜像线的第一点:**，选择镜像第一点，如图 1-104 所示。

（11）按提示**指定镜像线的第一点：指定镜像线的第二点:**，选择镜像第二点，如图 1-105 所示。

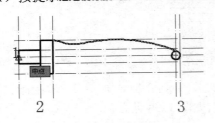

图 1-104　选择镜像第一点

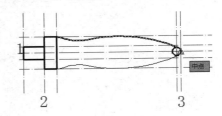

图 1-105　选择镜像第二点

（12）当出现提示 **要删除源对象吗？** 时，默认 N（否），直接回车确认，镜像完成。最后修剪并删掉所有多余线段，得到手柄图，如图 1-106 所示。

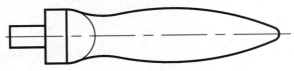

图 1-106　手柄图

（13）标注尺寸，如图 1-94 所示，完成手柄绘制。

请同学们参考图 1-3，完成所选项目的总图。

⊙ AutoCAD 绘制平面图用途广泛，是计算机绘图的基础。绘图的速度和准确性在于动手多练。在"工程训练 1"中，提供了常用平面图的案例，供同学们练习使用。

1.7 低压配电柜三维仿真图的绘制

新建一张图纸，另存为文件名(N) 仿真三维配电柜.dwg，文件类型(T): AutoCAD 2004/LT2004 图形 (*.dwg)，保存在自己的 U 盘里。

打开图层特性管理器，设置图层，如图 1-107 所示。

◢ 辅助线	♀	☼	🔓	■ 红	Continu... —— 默认
◢ 柜体	♀	☼	🔓	▢ 41	Continu... —— 默认
◢ 手柄	♀	☼	🔓	▨ 151	Continu... —— 默认
◢ 细实线	♀	☼	🔓	■ 白	Continu... —— 默认

扫一扫看绘制低压配电柜操作视频

图 1-107 图层设置

1. 绘制柜体步骤

依据图 1-77 所示尺寸，在柜体图层，单击"矩形"命令，确定绘图起点后，输入字母 D，绘制 800×600 矩形；单击"拉伸"命令，拉伸矩形，拉伸距离为 1 800。切换到东南等轴测视图，如图 1-108 所示；选择视觉样式为概念，则如图 1-109 所示；将其转换到柜体图层，则如图 1-110 所示。

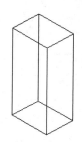

图 1-108 拉伸

图 1-109 视觉样式为概念

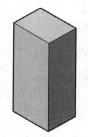

图 1-110 柜体图层

为了醒目，实际作图中我们将柜体图层的颜色改为▨▨▨，颜色标号为 130。完成全部绘图任务后可以更改颜色设置，选择一种自己喜欢的颜色。

单击"实体"→"抽壳"命令 🔲，提示：

选择三维实体：点选柜体；

删除面或 [放弃(U)/添加(A)/全部(ALL)]：点选柜体顶平面，回车；

输入抽壳偏移距离：5；

两次回车，结束命令，如图 1-111 所示。

回到常用选项，向前推动鼠标滚轮，放大图样。移动坐标原点到如图 1-112 所示位置。

绕 X 轴旋转坐标重新确定工作平面，如图 1-113 所示。

2. 绘制配电柜门步骤

为绘制配电柜上下门，画定位线：切换到辅助线图层，用"构造线"命令沿着 X 轴、Y 轴绘制两条辅助线，如图 1-114 所示。

将视图置为前视图，将水平辅助线向下偏移 30、500、40、1 200；将垂直辅助线向右偏移 30、740，如图 1-115 所示。

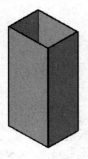

图 1-111　抽壳

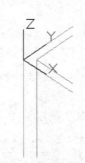

图 1-112　定位新坐标原点

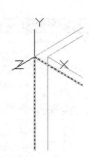

图 1-113　旋转坐标确定工作平面

切换到柜体图层，用"矩形"命令绘制上下门轮廓线，如图 1-116 所示。

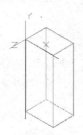

图 1-114　绘制定位线

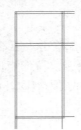

图 1-115　偏移定位线

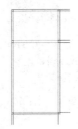

图 1-116　绘制门轮廓线

单击"拉伸"命令，拉伸刚刚画好的两个门的矩形轮廓线，拉伸方向由光标引领，拉伸距离为 30。

拉伸后用概念视觉样式观测，如图 1-117 所示。

观测后仍回到二维线框样式继续画图。移动坐标原点到如图 1-118 所示位置。

绕 Y 轴旋转坐标确定新的工作平面，如图 1-119 所示。

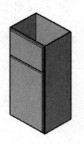

图 1-117　拉伸门线

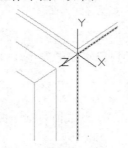

图 1-118　定位坐标原点

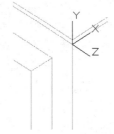

图 1-119　确定新的工作平面

3. 绘制通风口步骤

删除原来的辅助线，在辅助线图层上绘制定位线，如图 1-120 所示。

切换到右视图，将水平辅助线向下偏移 200、20；将垂直辅助线向右偏移 100、400，如图 1-121 所示。

设置图层为细实线图层，用"矩形"命令捕捉点绘制矩形，如图 1-122 所示。

隐藏辅助线图层，切换到东南等轴测视图。单击"拉伸"命令，选中矩形，向 Z 轴负方向引领光标，拉伸到柜体外合适位置，然后单击确定，如图 1-123 所示。

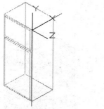

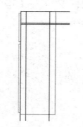

图 1-120 绘制定位线　　　图 1-121 偏移定位线　　　图 1-122 绘制矩形

单击"矩形阵列"命令，将拉伸的矩形实体阵列，列数为 1，行数为 10，行间距为-30，如图 1-124 所示。

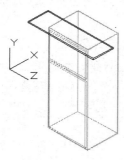

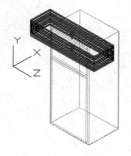

扫一扫下载低压配电柜 CAD 源文件

图 1-123 拉伸　　　　　　　图 1-124 阵列

单击"常用"→"修改"→"分解"命令，将阵列后的矩形分解。单击"常用"→"修改"→"复制"命令，复制阵列的所有矩形，指定基点，垂直向下 1 200。复制结果如图 1-125 所示。

单击"差集"命令，先选择柜体，回车后，选择所有阵列的矩形，通风口绘制完成，用真实视觉样式观测，如图 1-126 所示；用概念视觉样式观测，如图 1-127 所示。

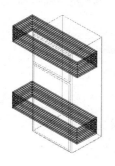

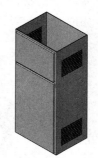

图 1-125 复制　　　　图 1-126 真实视觉样式　　　　图 1-127 概念视觉样式

4. 绘制柜顶盖步骤

视觉样式调整到二维线框样式，移动坐标原点到如图 1-128 所示位置，绕 X 轴旋转坐标确定新的工作平面。

单击"矩形"命令，捕捉坐标原点及对角点，绘制矩形；单击"拉伸"命令，拉伸矩形，高度为 40，如图 1-129 所示。

完成后用概念视觉式样观察，效果如图 1-130 所示。同学们也可尝试用其他视觉样式观测。

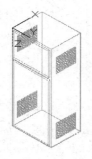

图 1-128　定位坐标

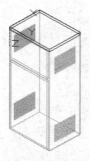

图 1-129　拉伸

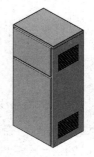

图 1-130　顶盖完成示意图

其他电气附件将在电气工程图中接触，在此不再赘述。

> 三维绘图的关键是不断根据绘图要求移动坐标系并在等轴测视图中调整工作平面，找到工作平面后，切换到相应的基本视图（即上下左右前后）进行平面绘图操作；绘图时应采用二维线框的视觉样式，观测效果可用概念、真实等视觉样式。

知识拓展

这一部分将深化学习机械制图与识图知识，扩展 AutoCAD 绘图命令和使用技巧，特别是介绍三维图样与二维图样之间的交互转化方法，为全面适应职场需求打下牢固基础。

1.8　图样的基本表示法

在生产实践中，接触到的机件形状多种多样，不仅外形复杂，有时候机件的内部形状也很复杂，如图 1-131 所示。

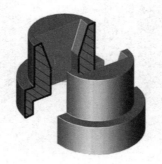
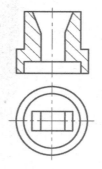

图 1-131　图样示例

这样的图形，内部结构无法完整看到，仅仅采用前面介绍的三视图无法清晰、准确地表达，还需要采用其他的表示法来达到目的。为此，国家标准《技术制图》、《机械制图》中规定了视图、剖视图、断面图等各种其他视图表示机件的方法。

1.8.1 视图

绘制出物体的多面正投影图形称为视图。视图主要用于表达机件的外部结构形状，对机件中不可见的结构形状在必要时才用细虚线画出。视图包括基本视图、向视图、局部视图和斜视图四种。我们重点了解基本视图的概念，其他内容可查阅《图样画法》。

基本视图是物体向六个基本投影面上投射所得的视图。基本视图除了主视图、俯视图、左视图外，还有三个视图：由右向左投影所得的视图称为右视图，由下向上投影所得的视图称为仰视图，由后向前投影所得的视图称为后视图。在前面的三维实体建模的绘制中我们曾经有过接触。即在 AutoCAD 的三维建模界面，单击"常用"→"视图"选项，如图 1-132 所示；单击"未保存的视图"后的下拉三角按钮，即可选择一种视图方式，如图 1-133 所示。

图 1-132 视图窗口   图 1-133 视图方式选项

从上下左右前后的视图，看到的都是物体外形，要看物体内部的结构，就要用到剖视图。

1.8.2 剖视图

1. 剖视图的形成

假想用剖切面剖开机件，将处在观察者与剖切面之间的部分移去，将其余部分向投影面投射所得的图形称为剖视图，简称剖视。图 1-134（a）为剖视图的形成过程，图 1-134（b）中的主视图即为机件的剖视图。

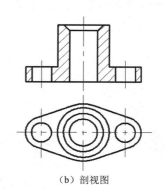

（a）剖视图形成过程   （b）剖视图

图 1-134 剖视图的形成

2. 剖视图的画法

剖视图的剖切面与机件的接触部分称为剖面区域，剖面区域要画出与材料相应的剖面符号。材料不同，剖面符号的画法也不同，国家标准规定了各种材料的剖面符号，如表 1-9 所示。

表 1-9　各种材料的剖面符号

金属材料（已有规定的剖面符号者除外）		转子、变压器、电抗器等的叠钢片	
线圈绕组元件		非金属材料（已有规定的剖面符号者除外）	
型砂、填砂、粉末冶金、砂轮、陶瓷及硬质合金刀片等		混凝土	
木质胶合板		钢筋混凝土	
基础周围的泥土		砖	
玻璃及其他透明材料		网格（筛网、过滤网等）	
木材		液体	

　　画剖视图时，首先要确定剖切位置。一般用平面作为剖切面（也可用柱面）。为了在主视图上表达出机件内部结构的真实形状，避免剖切后产生不完整的结构要素，在选择剖切平面时，应使其平行于投影面，并尽量通过机件的对称面或内部孔、槽等结构的轴线。

　　其次要画剖视图的轮廓线。机件剖开后，处在剖切平面之后的所有可见轮廓线都应画齐。最后画上剖面符号。

3. 剖视图的分类

剖视图按图形特点和剖切范围的大小，可分为全剖视图、半剖视图和局部剖视图三类。

1）全剖视图

用剖切平面将机件全部剖开后进行投影所得到的剖视图，称为全剖视图，如图 1-135 所示。

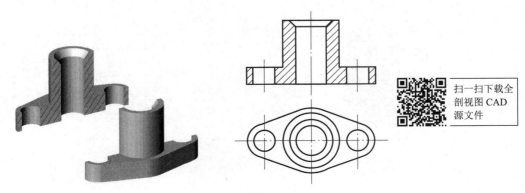

扫一扫下载全剖视图 CAD 源文件

图 1-135　全剖视图

全剖视图一般用于表达外部形状比较简单、内部结构比较复杂的机件。

2）半剖视图

如图 1-136（c）所示，该机件如果主视图采用全剖，就不能表达此机件的外形，而且前面的耳板也没有表达清楚。此时，这种类型的机件需采用半剖视图。

当机件有对称平面时，以对称中心线为界，在垂直于对称平面的投影面上进行投影，一半画成剖视图，另一半画成视图，称为半剖视图，如图 1-136（d）所示。半剖视图既表达了机件的内部形状，又保留了外部形状，所以常用于表达内、外形状都比较复杂的对称机件。

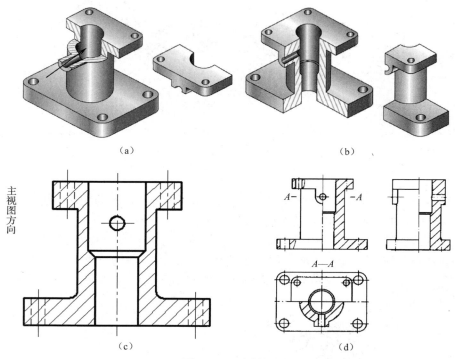

图 1-136　半剖视图

3）局部剖视图

用剖切平面局部地剖开机件所得的剖视图称为局部剖视图。在局部剖视图中，视图与剖视图的分界线为细波浪线或双折线。波浪线不应画在轮廓线的延长线上，也不能用轮廓线代替，或与图样上其他图线重合。

局部剖视是一种较灵活的表达方法，剖切范围根据实际需要决定。但在一个视图中，局部剖视的数量不宜过多，在不影响外形表达的情况下，可在较大范围画成局部剖视图，以减少局部剖视图的数量，如图 1-137 所示。

4. 剖切面的种类

生产中的机件，由于内部结构形状各不相同，剖切时常采用不同位置和不同数量的剖切面。

国家标准规定，根据机件的结构特点，可选择以下剖切面：单一剖切面、几个平行的剖切面、几个相交的剖切面（交线垂直于某一投影面）。

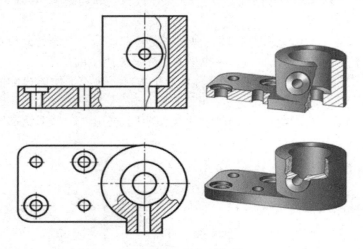

图 1-137　局部剖视图

当选择不同剖切面时，得到的剖视图可给予相应的名称，主要包括阶梯剖视图、旋转剖视图、斜剖视图和复合剖视图。

1）阶梯剖视图

用几个互相平行的剖切平面剖开机件，各剖切平面的转折必须是直角的剖切方法，称为阶梯剖，所画出的剖视图，称为阶梯剖视图。

阶梯剖视图适宜于表达机件内部结构的中心线排列在两个或多个互相平行的平面内的情况。如图 1-138 所示，机件内部结构（小孔和大孔）的中心位于两个平行的平面内，不能用单一剖切平面剖开，而是采用两个互相平行的剖切平面将其剖开，主视图即为采用阶梯剖方法得到的阶梯剖视图。

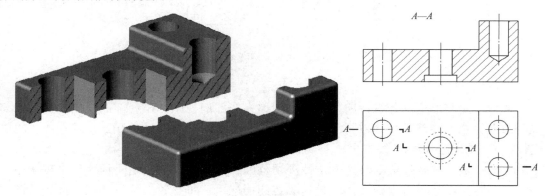

图 1-138　阶梯剖视图

2）旋转剖视图

两个相交的剖切平面，其交线应垂直于某一基本投影面。用相交剖切平面剖开机件的剖切方法称为旋转剖。如果机件内部的结构形状仅用一个剖切面不能完全表达，而且这个机件又具有较明显的主体回转轴，则可采用旋转剖视图。

采用这种方法画剖视图时，先假想按剖切位置剖开机件，然后将被剖切平面剖开的倾斜部分结构及其有关部分，绕回转中心（旋转轴）旋转到与选定的基本投影面平行后再投影，如图 1-139 所示。

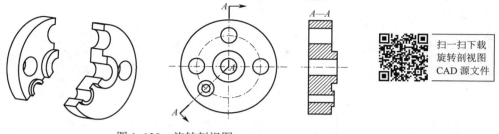

图 1-139　旋转剖视图

3）斜剖视图

用不平行于任何基本投影面的剖切平面剖开机件的方法称为斜剖。

斜剖视图适用于表达机件内部的倾斜部分。这种剖视图一般应与倾斜部分保持投影关系，但也可以配置在其他位置。为了画图和读图方便，可把视图转正，但必须按规定标注，如图 1-140 所示。

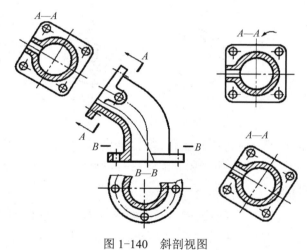

图 1-140　斜剖视图

1.8.3　断面图

轴类机件是生产生活中最为常见的机件之一，如图 1-141 所示。若想了解该机件的孔和键槽的结构需得到横截面图，如果采用剖视图还需将除断面外的可见部分全部画出，比较麻烦，此时可采用断面图。

图 1-141　轴类机件

1. 断面图绘制

假想用剖切平面将机件的某处切断，仅画出剖切面与机件接触部分的图形，称为断面图，如图 1-142 所示。

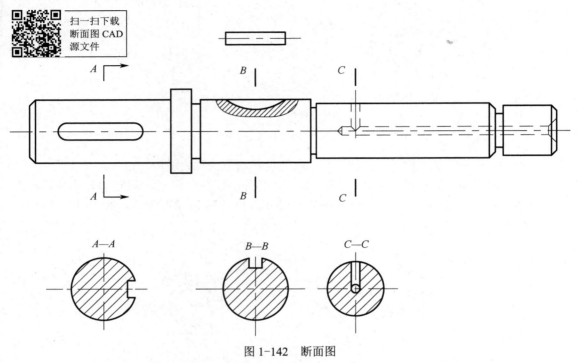

图 1-142　断面图

断面图与剖视图的主要区别为：断面图是仅画出机件断面的真实形状，而剖视图则不仅要画出其断面形状，还要画出剖切平面后面所有的可见轮廓线。

2. AutoCAD 的图案填充

断面图所填充的内部图样，在 AutoCAD 中的操作为：单击"绘图"→"图案填充"，或直接单击工具栏中的 ▨ 按钮，弹出"图案填充和渐变色"对话框，按之前学过的方法填充相应图案即可。

1.9　AutoCAD 常用电气元件的绘制

国家标准 GB/T 4728—2005《电气简图用图形符号》中的有关规定，是描述电气图形符号及其属性的数据集合，它规定了应用于电气简图的国际图示语言，是绘制电气元件简图的重要依据。我们在国际标准的数据库中选取几种常用的电气元件作为绘图对象。

1.9.1　电阻器符号及仿真实体

电阻器（简称电阻）是用电阻材料制成的、有一定结构形式、能在电路中起限制电流通过作用的二端电子元件。

电阻器由电阻体、骨架和引出端三部分构成（实心电阻器的电阻体与骨架合而为一），而决定阻值的只是电阻体。

电阻按阻值特性分类，可分为固定电阻、可调电阻、特种电阻（敏感电阻）。

阻值不能调节的电阻，我们称之为定值电阻或固定电阻，而阻值可以调节的电阻，我们称之为可调电阻。常见的可调电阻是滑动变阻器，例如，收音机音量调节的装置是个圆形的滑动变阻器。

主要应用于电压分配的电阻，我们称之为电位器。

对某些外界环境因素敏感的电阻称为特种电阻，如热敏电阻、压敏电阻、光敏电阻等。

表 1-10 所示是常见的电阻图形符号。下面以滑动触点电阻为例绘制平面图，以一般电阻为例绘制三维仿真图。

表 1-10　电阻图形符号

图 形 符 号	含　义
	一般电阻
	可调电阻
	压敏电阻
	滑动触点电位器

1. 滑动触点电位器绘图步骤

打开 A3 图纸模板，切换为 AutoCAD 经典界面。

单击"矩形"命令，绘制一个长 30 mm、宽 10 mm 的矩形。

单击"直线"命令，用鼠标选取矩形的左边，捕捉左边中点，单击状态栏上的"正交"按钮打开"正交"命令，向左绘制长 10 mm 的直线。用同样方法绘制矩形右侧直线。

单击"多段线"命令绘制箭头。

指定起点：捕捉矩形上边中点

指定下一个点或 [圆弧(A)/半宽(H)/长度(L)/放弃(U)/宽度(W)]：按照选项，输入宽度选项字母 W

指定起点宽度 <3.0000>：0

指定端点宽度 <0.0000>：1.5

指定下一个点或 [圆弧(A)/半宽(H)/长度(L)/放弃(U)/宽度(W)]：确定箭头的长度为 3

指定下一点或 [圆弧(A)/闭合(C)/半宽(H)/长度(L)/放弃(U)/宽度(W)]：再次改变多段线宽度，输入 W

指定起点宽度 <1.5000>：0

指定端点宽度 <0.0000>：回车

指定下一点或 [圆弧(A)/闭合(C)/半宽(H)/长度(L)/放弃(U)/宽度(W)]：箭头尾部长度为 3

指定下一点或 [圆弧(A)/闭合(C)/半宽(H)/长度(L)/放弃(U)/宽度(W)]：向右输入长度 20。回车或单击鼠标右键确认

结果如图 1-143 所示。

2. 电阻三维仿真图形绘图步骤

一般电阻如图 1-144 所示。

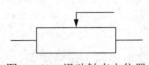

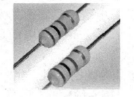

图 1-143 滑动触点电位器   图 1-144 一般电阻图片示例

打开一张 A3 图纸，切换到三维建模界面。

单击"圆"命令：指定圆的圆心后指定圆的半径或 [直径(D)]：5

单击"拉伸"命令：

选择要拉伸的对象或 [模式(MO)]：选择刚刚画好的圆，回车

指定拉伸的高度或 [方向(D)/路径(P)/倾斜角(T)/表达式(E)] <2.5000>：5

切换到东南等轴测视图：

单击"圆"命令：捕捉拉伸后的圆柱上表面中心点

指定圆的半径或 [直径(D)] <5.0000>：5

单击"拉伸"命令：选择对象为刚刚绘制的圆向上指定方向

指定拉伸的高度或 [方向(D)/路径(P)/倾斜角(T)/表达式(E)] <5.0000>：3

单击"复制"命令：

选择对象：选择高为 3mm 的圆柱体，基点选择上表面的中心点，依次向上复制

指定第二个点或 [阵列(A)] <使用第一个点作为位移>：3

指定第二个点或 [阵列(A)/退出(E)/放弃(U)] <退出>：6

指定第二个点或 [阵列(A)/退出(E)/放弃(U)] <退出>：9

指定第二个点或 [阵列(A)/退出(E)/放弃(U)] <退出>：12

指定第二个点或 [阵列(A)/退出(E)/放弃(U)] <退出>：15

指定第二个点或 [阵列(A)/退出(E)/放弃(U)] <退出>：18

再次单击"复制"命令：

选择对象：选择底层的 5 mm 高的圆柱体，基点为其底面中心点，向上复制

指定第二个点或 [阵列(A)] <使用第一个点作为位移>：26

切换到左视图，选择要更改颜色的对象后单击鼠标右键，弹出下拉列表，单击"特性"选项，弹出的"特性"对话框如图 1-145 所示；单击颜色选项条中的下拉三角按钮，指定对象的颜色，结果如图 1-146 所示。

切换到东南等轴测视图，单击"实体"→"圆角边"命令，选择要倒圆角的边，如图 1-147 所示，输入半径值：4.5，两次回车结束。倒圆角后效果如图 1-148 所示。

分别在俯视图、仰视图界面，用"拉伸面"命令拉伸出导线（长度 10 mm），最后的效果图如图 1-149 所示。

扫一扫看
绘制电阻
操作视频

图 1-145　"特性"对话框

图 1-146　为对象添加颜色

扫一扫下载电
阻三维仿真图
CAD 源文件

图 1-147　执行"圆角边"命令

图 1-148　倒圆角效果

图 1-149　最后效果图

1.9.2　二极管符号及仿真实体

二极管是最常用的电子元件之一，可用于检波、整流、稳压、隔离反向电等。其最大特性就是单向导电性。

二极管种类很多，常用的二极管主要有单向二极管（普通）、稳压二极管、光电二极管等。

下面以稳压二极管为例，介绍绘图具体操作步骤，以及在电气简图中的表示方法；并以发光二极管为例，绘制三维仿真实体。

常见的二极管图形符号如表 1-11 所示。

表 1-11　二极管图形符号

图　形　符　号	含　　义
▷|	单向二极管
▷|	稳压二极管
▷|	发光二极管

1. 稳压二极管符号绘图步骤

打开一张 A3 图纸，切换到 AutoCAD 经典界面。

单击"直线"命令绘制一条竖线，长 10 mm。

单击"多边形"命令，边数定为3，回车。

捕捉竖线的中点，向右水平追踪蚂蚁线，输入距离5回车，如图1-150所示。

指定输入选项为默认的"内接于圆"，回车，如图1-151所示。

鼠标向竖线的中点靠近捕捉到中点时单击鼠标左键绘制三角形，如图1-152所示。

图1-150　捕捉与追踪　　　图1-151　默认输入选项　　　图1-152　绘制三角形

单击"直线"命令，捕捉到竖线中点向左追踪蚂蚁线，输入距离10，确定直线起点，如图1-153所示。

向右引领鼠标，输入长度25，回车，确定直线端点，绘制直线，如图1-154所示。

绘制3 mm长两条端线，完成绘制，如图1-155所示。

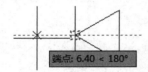
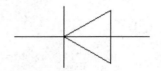
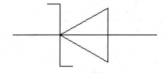

图1-153　确定直线起点　　　图1-154　绘制直线　　　图1-155　完成绘制

2. 发光二极管仿真图绘图步骤

发光二极管实物如图1-156所示。

打开A3图纸，切换到三维建模界面。

用"直线"命令绘制一条辅助线中心线。

单击"圆"命令，在直线上捕捉直线端点追踪蚂蚁线向右，在适当位置单击，确定圆心位置，绘制R5圆。

向上偏移直线，偏移距离5，绘制一条与圆相切的直线。

单击"直线"命令，捕捉圆与辅助中心线的交点，向右追踪蚂蚁线，输入距离15，如图1-157所示。

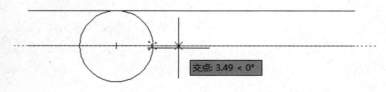

图1-156　发光二极管实物示例　　　图1-157　捕捉与追踪直线起点位置

确定直线端点位置后，按图1-158所示尺寸，用直线绘制二极管尾端外形。

单击"修剪"命令修剪图形，修剪后形状如图1-159所示。

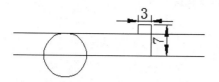

图 1-158　绘制二极管尾端外形

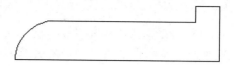

图 1-159　修剪后形状

单击"常用"→"绘图"→"面域"命令，选择全部对象，如图 1-160 所示。

单击"常用"→"拉伸"命令，以中心线为轴旋转图形，如图 1-161 所示。

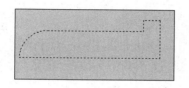

图 1-160　面域选择对象

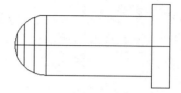

图 1-161　旋转图形

切换到东南等轴测界面，把视觉样式指定为隐藏模式，如图 1-162 所示。

单击"常用"→"坐标"→"原点"命令，移动坐标原点位置并确定好工作平面，如图 1-163 所示。

单击"常用"→"绘图"→"圆"命令，输入圆心坐标（2,0），绘制半径为 0.5 的小圆，如图 1-164 所示。

继续单击"圆"命令，输入坐标（-2,0），绘制第二个半径为 0.5 的小圆，如图 1-165 所示。

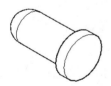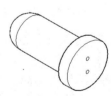

图 1-162　隐藏模式视觉样式　　图 1-163　定位新坐标系　　图 1-164　绘制圆　　图 1-165　绘制第二个圆

单击"常用"→"建模"→"拉伸"命令，拉伸两个小圆（二极管插脚），拉伸距离为 30，如图 1-166 所示。

将视觉样式切换为真实，分别选中二极管及插脚作为对象，选中后单击鼠标右键，在弹出的下拉菜单中单击"特性"选项，在弹出的"特性"对话框中修改颜色，最终效果如图 1-167 所示。

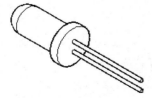

图 1-166　拉伸二极管插脚

图 1-167　发光二极管最终效果图

1.9.3 集成电路芯片符号及仿真实体

集成电路是指将很多微电子器件集成在芯片上的一种高级微电子器件。而芯片是电路的基本载体，作为核心电路部分，芯片具有低功耗、高效率的特点，主要是靠半导体的电子和空穴的导电能力来导电，在半导体内部形成电流，最后通过引线及引脚将电流信号输入/输出，以实现电气器件满足不同应用系统的基本功能。

1. 芯片符号简图

芯片符号简图由简单的线条构成，绘图简单，故省略其绘图步骤，如图 1-168 所示。

2. 芯片仿真图绘图步骤

芯片实物照片如图 1-169 所示。

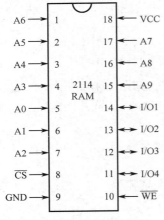

图 1-168　芯片符号简图

图 1-169　芯片实物照片

打开 A3 图纸，切换到三维建模界面，设置三个图层：芯片、端子、等分点。

将芯片图层置为当前图层。

绘制长 80、宽 50 的矩形：单击"矩形"命令，在界面上合适位置单击鼠标左键确定矩形第一个角点位置；输入字母 D，回车，按提示输入长度 80，回车；输入宽度 50，回车；移动光标固定矩形的方位，单击鼠标左键确认。

单击"拉伸"命令，选择矩形为拉伸对象，回车；输入字母 T，回车；设置拉伸倾斜角度 6，回车；输入拉伸高度 6，回车，如图 1-170 所示。

切换到东南等轴测视图，单击"拉伸面"命令，选择 80×50 矩形面，回车，如图 1-171 所示。

指定拉伸高度 6，回车；设置拉伸倾斜角度 6，回车；再按两次回车，结束命令，拉伸后图样如图 1-172 所示。

图 1-170　绘制矩形并拉伸

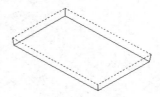

图 1-171　选择拉伸面

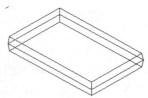

图 1-172　拉伸后图样

切换到东南等轴测视图,将端子图层置为当前。

用"直线"命令连接设置倾角后的矩形角点,并转换为前视图,如图 1-173 所示。

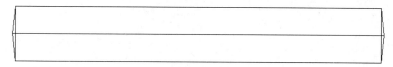

图 1-173 连接角点

隐藏芯片图层,用"直线"命令绘制端子辅助线,如图 1-174 所示。

图 1-174 绘制端子辅助线

将界面模式转换为 AutoCAD 经典界面,单击"格式"→"点样式",在弹出的对话框中设置点样式和点大小,如图 1-175 所示。

单击"绘图"→"点"→"定数等分",选择中心线,等分数为 11,回车,如图 1-176 所示。

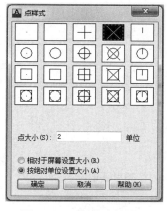

图 1-175 点样式设置

图 1-176 定数等分端子辅助中心线

绘制 4×2 矩形,并单击"移动"命令,以矩形中心为基点,移动对齐到点位置,如图 1-177 所示。

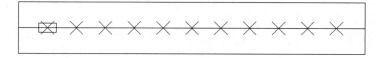

图 1-177 绘制端子截面矩形

将绘图模式切换到三维建模模式,视图窗口转换为东南等轴测视图界面。

将坐标原点移动到点中心位置并旋转坐标轴,调整工作平面,如图 1-178 所示。

单击"直线"命令,用绝对坐标法和相对坐标法,分别输入直线第一点坐标(-4,0)、

第二点坐标（@ 0,-3）、第三点坐标（@ -5,0），绘制端子定位线（注意：输入法一定要设置为英文输入状态），如图 1-179 所示。

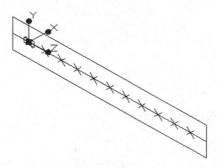

图 1-178　调整工作平面

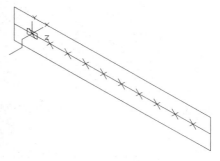

图 1-179　绘制端子定位线

在命令行输入字母 pe，回车，命令行提示：选择多段线，用鼠标左键点选直线，出现如图 1-180 所示提示。

回车三次，再次选择定位线的下一段，继续将所有端子定位线转换为多段线。全部转换完成后，单击其中任一条线，弹出选项对话框，如图 1-181 所示。

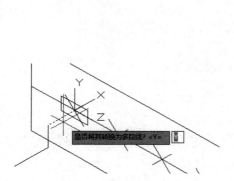

图 1-180　点选直线后的提示状态

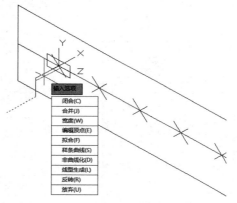

图 1-181　选项对话框

点选"合并"选项，依次单击各定位线，回车后该定位线即转化成整体的多段线，如图 1-182 所示。

单击"圆角"命令，输入 R，半径值为1.5，将端子定位线倒圆角，如图 1-183 所示。

单击"扫掠"命令，选取端子矩形框为对象，回车，选择端子定位线为扫掠路径，结果如图 1-184 所示。

旋转坐标，重新确定工作平面，如图 1-185所示；单击"矩形阵列"命令，选择端子实体为阵列对象，如图 1-186 所示。

在功能列表中设置阵列对话框数据，结果如图 1-187 所示。

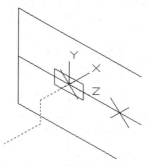

图 1-182　将线段合并为整体的多段线

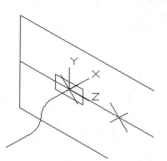

图 1-183　定位线倒圆角

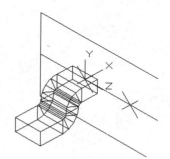

图 1-184　扫掠端子实体

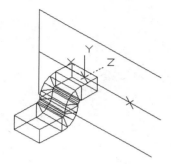

图 1-185　旋转坐标

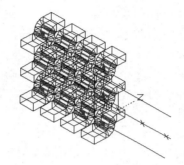

图 1-186　单击阵列对象后图示

类型	列			行 ▼			层级			特性		关闭
矩形	列数	10		行数	1		级别	1		关联 基点		关闭阵列
	介于	-7.16		介于	7.5		介于	13.5341				
	总计	-64.44		总计	7.5		总计	13.5341				

图 1-187　输入阵列数据

阵列端子实体如图 1-188 所示。

单击"三维镜像"命令，选中端子实体，回车后选择芯片实体的三个中点，如图 1-189 所示。

回车后出现对话框，继续回车确认，实现镜像，如图 1-190 所示。

切换到俯视图视图界面，移动坐标重新确定工作平面；单击"圆"命令，输入圆心坐标（5,5），输入半径值 3，绘制小圆，如图 1-191 所示。

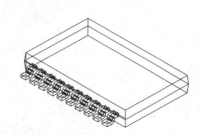

图 1-188　阵列端子实体

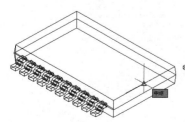 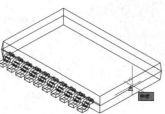 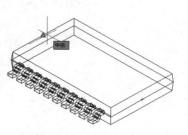

图 1-189　选择镜像位置

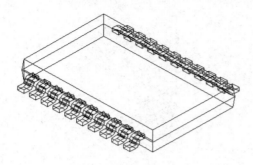

图 1-190　镜像端子

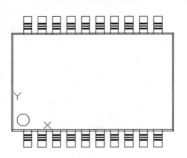

图 1-191　绘制小圆

　　回到东南等轴测视图界面，单击"拉伸"命令，选择小圆为对象，向内拉伸距离为 3，如图 1-192 所示。

　　单击"差集"命令，用芯片的矩形减去拉伸好的小圆柱，将视觉样式置换为概念，效果如图 1-193 所示。

　　单击"实体"→"圆角边"命令，输入字母 R，半径值为 1，选择各边后倒圆角效果如图 1-194 所示。

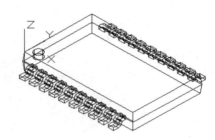

图 1-192　拉伸小圆

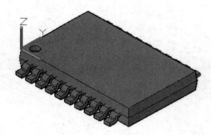

图 1-193　减去小圆柱效果

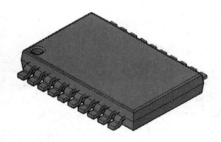

图 1-194　倒圆角效果

　　选择端子，单击"分解"命令，重新全部选择端子对象，单击鼠标右键，弹出列表后选择"特性"，弹出"特性"对话框，可修改所选目标颜色，如图 1-195 所示。

常规	▲
颜色	■ ByLayer
图层	端子
线型	—— ByLayer
线型比例	1
打印样式	BYCOLOR
线宽	—— ByLayer
透明度	ByLayer
超链接	

图 1-195　设置颜色特性

　　选择颜色 颜色 □ 颜色 131 ▼ ，用同样方法，将芯片部分设置为黄色。将视觉样式调整为真实，效果如图 1-196 所示。

扫一扫看绘制集成电路芯片操作视频

扫一扫下载集成电路芯片 CAD 源文件

图 1-196　芯片效果

调整到俯视图，二维线框视觉样式，可以输入文字，最后完善仿真效果（颜色效果可以按照自己喜欢的样式自行调整），如图 1-197 所示。

图 1-197　芯片仿真最终效果图

工程训练 1

工程训练的目的主要是熟练掌握 AutoCAD 绘图的基本要领，在实践中培养自己的作图能力。

1.1　绘制图 1-198 中所示的常用电气符号。

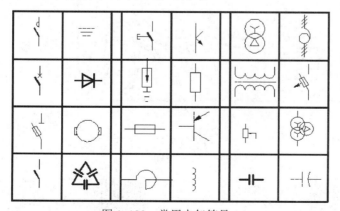

扫一扫看绘制图 1-198 符号操作视频

图 1-198　常用电气符号

1.2 利用多边形、圆、阵列、修剪等指令绘制图 1-199 所示图形。

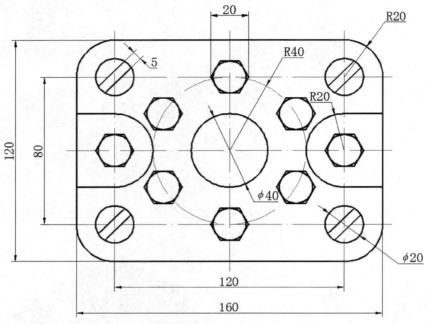

图 1-199　绘制图形

1.3 绘制图 1-200 所示的平面结构。

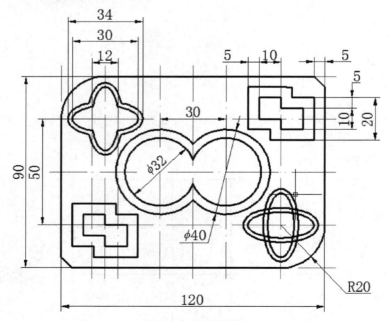

图 1-200　平面结构

扫一扫看绘制
图 1-199 多边
形圆操作视频

扫一扫看绘制
图 1-200 图形
操作视频

1.4 绘制图 1-201 所示的三维实体及三视图。

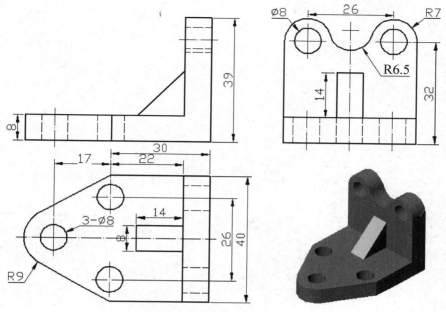

图 1-201 三维实体及三视图

扫一扫看绘制
图 1-201 三维
实体操作视频

项目 **2**

继电器–接触器控制系统
原理图的绘制与识图

扫一扫看继电器–接触器控制系统电气原理图绘制与识图岗课赛证融通教学案例

<table>
<tr><td rowspan="15" style="writing-mode:vertical-rl">项目描述</td><td colspan="2">项目名称</td><td colspan="2">继电器–接触器控制系统电气原理图的绘制与识图</td><td>参考学时</td><td>10 学时</td></tr>
<tr><td colspan="2">项目导入</td><td colspan="4">该项目来源于某企业的典型机床。继电器–接触器控制方式是机床电气系统的典型控制方式，其控制电路是由各种接触器、继电器、按钮、行程开关等电气元件组成的，各元器件之间通过不同的连接方式，形成不同功能的控制回路，从而控制机床的执行机构——电动机，使电动机能够实现启动、停止、正转、反转等动作。而电气设备工艺员如何能知道一台封闭的电气设备的工作原理呢？如何知道电动机是怎样被控制的呢？又如何将电气设备所采用的控制方式表现出来呢？这就需要具备识读和绘制电气原理图的能力。本项目采用全国职业院校技能大赛"现代电气控制系统安装与调试"赛项的训练方法，引入"智能制造设备安装与调试""1+X"职业技能等级证书的考核标准，实施"岗课赛证融通"教学改革，夯实学生的电气原理图识图与绘图能力</td></tr>
<tr><td rowspan="10">项目目标</td><td rowspan="4">知识目标</td><td colspan="4">1. 了解继电器–接触器控制电路特征；</td></tr>
<tr><td colspan="4">2. 掌握电气制图与识图基础知识和相关国家标准；</td></tr>
<tr><td colspan="4">3. 进一步掌握 AutoCAD 基本绘图指令；
4. 掌握常用的低压电气元件的电气图形的绘制方法；</td></tr>
<tr><td colspan="4">5. 掌握继电器–接触器电气原理图的绘制步骤和方法；
6. 掌握成套设备如车床等的电路原理图的识读和分析方法</td></tr>
<tr><td rowspan="3">能力目标</td><td colspan="4">1. 能够识读继电器–接触器控制系统的电气原理图；</td></tr>
<tr><td colspan="4">2. 根据实际继电器–接触器控制系统能够绘制出系统的电气原理图；
3. 具备信息获取、资料收集和整理的能力；
4. 具备分析问题和解决问题的能力；</td></tr>
<tr><td colspan="2">5. 具备知识综合运用能力；</td><td colspan="2">6. 具有良好的工艺意识和标准意识</td></tr>
<tr><td rowspan="2">素质和
思政目标</td><td colspan="2">1. 培养良好的电工职业道德；</td><td colspan="2">2. 严格遵守电气设备安全操作规程；</td></tr>
<tr><td colspan="2">3. 培养精益求精的工匠精神；
5. 培养劳动精神</td><td colspan="2">4. 培养质量意识、安全意识、创新意识；</td></tr>
<tr><td rowspan="2">素质和
思政目标</td><td colspan="2">1. 培养良好的电工职业道德；</td><td colspan="2">2. 严格遵守电气设备安全操作规程；</td></tr>
<tr><td colspan="2">3. 培养精益求精的工匠精神；
5. 培养劳动精神</td><td colspan="2">4. 培养质量意识、安全意识、创新意识；</td></tr>
<tr><td colspan="2">项目要求</td><td colspan="2">1. 制订项目工作计划和任务分工；
3. 利用 AutoCAD 软件完成电动机正反转电气原理图的绘制；
4. 利用 AutoCAD 软件完成车床电气原理图的绘制；</td><td colspan="2">2. 完成绘制电气原理图的设计方案；

5. 对照设计方案检查设计图纸并修正</td></tr>
<tr><td colspan="2">项目实施</td><td colspan="4">1. 构思：项目的分析与 AutoCAD 指令学习，参考学时为 2 学时。
2. 实施：绘制电动机正反转和车床电气原理图，参考学时为 6 学时。
3. 检查：对照设计方案修正图纸，参考学时为 2 学时。</td></tr>
</table>

项目构思

在工业生产中广泛使用的机械设备、自动化生产线等，一般都是由电动机拖动的。采用电动机作为原动机拖动生产机械运动的方式称为电力拖动。电气控制是指对拖动系统的控制，最常见的是继电器-接触器控制方式，也称继电接触器控制。电气控制线路是由各种接触器、继电器、按钮、行程开关等电气元件组成的控制电路，复杂的电气控制线路由基本控制电路（环节）组合而成。电动机常用的控制电路有启停控制、正反转控制、降压启动控制、调速控制和制动控制等基本控制环节。电气原理图（也称为电路图）在设计部门和生产现场应用广泛，适用于研究和分析电路工作原理。因此，正确识读和绘制电气原理图是电气从业人员必须掌握的一项基本技能。本项目以电动机正反转电气原理图和 CA6140 车床电气原理图两个典型电路为绘图实例，使学生可以掌握电气原理图的识图和绘图技能。

项目实施建议教学方法为项目引导法、小组教学法、案例教学法、启发式教学法、实物教学法。

教师首先下发项目工单，布置本项目需要完成的任务及控制要求，介绍本项目的应用情况，进行项目分析，引导学生完成项目所需的知识、能力及软硬件准备，讲解 AutoCAD 2014 基本绘图指令、电气制图方法等相关知识。

学生进行小组分工，明确项目工作任务，团队成员讨论项目如何实施，进行任务分解，学习完成项目所需的知识，查找继电器-接触器电气回路设计的相关资料，制订项目实施工作计划。本项目工单见表 2-1。

表 2-1　继电器-接触器控制系统原理图的绘制与识图的项目工单

课程名称	AutoCAD 电气工程制图			总学时	76
项目 2	继电器-接触器控制系统原理图的绘制与识图			项目学时	10
班级		组别	团队负责人	团队成员	
项目描述	通过本项目的实际训练，使学生了解继电器-接触器控制回路的分析和设计方法，掌握电气原理图绘图的方法和步骤，进一步掌握 AutoCAD 2014 基本绘图指令，具备电气制图和识图的能力，并提高学生实践能力、团队合作精神、语言表达能力和职业素养。具体任务如下： 1. 了解继电器-接触器控制电路的特点和设计要求，并形成设计方案； 2. 进一步掌握 AutoCAD 2014 绘图基本指令； 3. 按照电气制图国家标准绘制电动机正反转电气原理图； 4. 按照电气制图国家标准绘制 CA6140 车床电气原理图； 5. 按照设计方案检查绘制图纸并修正				
相关资料及资源	AutoCAD 2014 绘图软件及计算机、教材、视频录像、PPT 课件、机械制图国家标准等				
项目成果	1. 电动机正反转电气原理图图纸；　　　2. CA6140 车床电气原理图图纸； 3. 项目报告；　　　4. 评价表				
注意事项	1. 遵守实训室设备使用规则；　　　2. 绘图过程严格遵循国家标准； 3. 项目结束时，及时清理工作台，关闭计算机				

引导性问题	1. 你已经具备完成绘制继电器-接触器电气原理图所需的所有资料了吗？如果没有，还缺少哪些？应通过哪些渠道获得？ 2. 在完成本项目前，你还缺少哪些必要的知识？如何解决？ 3. 你设计的电气原理图符合国家标准吗？ 4. 在进行操作前，你掌握所需要的绘图的基本指令了吗？ 5. 在绘图过程中，你采取什么措施来保证绘图质量？符合绘图要求吗？ 6. 在绘图完毕后，你所绘制的图纸和设计方案符合吗？能满足实际使用的要求吗？

项目分析

机床等电气设备的继电器-接触器控制电路一般由主电路和控制电路组成，电动机正反转电路如图 2-1 所示。主电路的通与断由控制电路各低压电器元件组成的逻辑电路控制。因此，要实现电气原理图的识图和绘图，必须具备以下两个方面的基础知识。

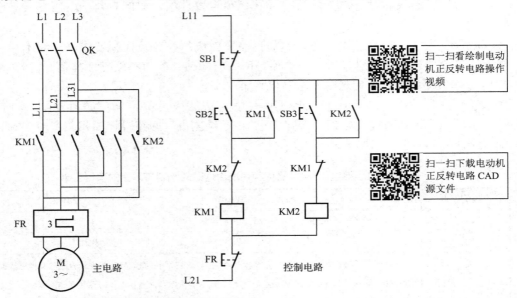

扫一扫看绘制电动机正反转电路操作视频

扫一扫下载电动机正反转电路 CAD 源文件

图 2-1　电动机正反转电路图

1. 熟悉低压元件的工作原理

每一个控制电路都由一些典型的低压电器元件组成，只有了解了它们的导通和关断原理，才能分析出电气原理图中的电信号走向，从而设计出电气设备的原理图。

2. 掌握电气识图和制图基础知识

电气原理图都是由符号和文字组成的，只有知道了这些符号代表的意义，并掌握电气制图的规范和标准，才能准确地识读和绘制电气原理图。

当我们掌握了低压电器元件的工作原理和电气识图基础知识后，就可以根据控制要求来选择低压电器元件、设计电路，并绘制电气原理图了。

知识准备

2.1　电气控制系统常用的低压电器

　　电气控制系统中所用的控制电器多属低压电器。低压电器是指电压在 500V 以下，用来接通或断开电路，以控制、调节和保护用电设备的电器。继电器-接触器控制系统中的主要电气设备是接触器、继电器和断路器，以及一些主令电器和保护装置。图 2-2 所示为交流接触器实物接线实例。

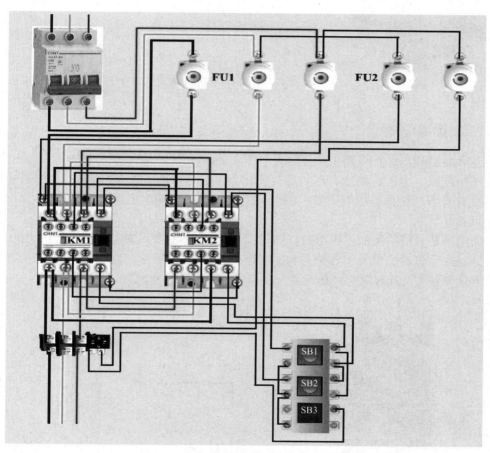

图 2-2　交流接触器实物接线实例

2.1.1　接触器

　　接触器是利用电磁力使开关闭合或关断的一种电气元件，如图 2-3 所示，用于远距离频繁地接通和分断交直流主电路及大容量控制电路。工作原理为：当吸引线圈两端施加额定电压时，产生电磁力，将动铁芯（上铁芯）吸下，动铁芯带动动触点一起下移，使动合触点闭合接通电路，动断触点断开切断电路；当吸引线圈断电时，铁芯失去电磁力，动铁

芯在复位弹簧的作用下复位，触点系统恢复常态。三相交流接触器的触点系统中有三对主触点和若干对辅助触点，主触点可以通过较大的主电流，并设有隔弧和灭弧装置。主触点常用在主电路中控制三相负载，辅助触点用在电流较小的控制电路中。

接触器的电气图形符号和文字符号如图 2-4 所示，当接触器的线圈得电时，主触点和常开辅助触点接通，常闭辅助触点断开，达到控制电路的目的。

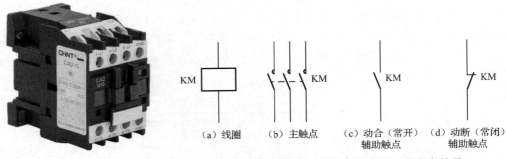

图 2-3　接触器　　　　图 2-4　接触器的电气图形符号和文字符号

2.1.2　热继电器

继电器是控制与保护电路中用作信号转换的电气元件，具有输入电路和输出电路，当输入量（如电流、电压、温度、压力等）变化到某一定值时，继电器动作，输出电路接通或断开控制回路。继电器种类很多，根据功能可以分为电流、电压、速度、压力、热继电器、中间继电器等。

热继电器是一种常见的保护电器，如图 2-5 所示，主要用来对连续运行的电动机进行过载保护。热继电器的电气图形符号和文字符号如图 2-6 所示，它利用电流的热效应而动作，当电路中发生过载现象时，热元件发生形变，使动断触点断开，切断电路。

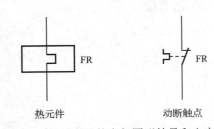

图 2-5　热继电器　　　　图 2-6　热继电器的电气图形符号和文字符号

2.1.3　低压断路器

低压断路器又称为自动空气开关或自动空气断路器，如图 2-7 所示。其作用是可以在电路正常时不频繁接通或断开电路，而且当电路发生过载、短路、失压或欠压等故障时，低压断路器能自动切断电路故障。低压断路器的电气图形符号和文字符号如图 2-8 所示。

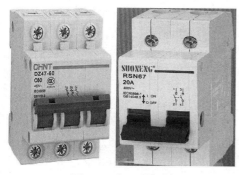

图 2-7　低压断路器

图 2-8　低压断路器的电气图形符号和文字符号

它的功能相当于刀开关、过电流继电器、欠电压继电器、热继电器及漏电保护器等电器部分或全部的功能总和，是低压配电网中一种重要的保护电器。常用的低压断路器有 DZ 系列、DW 系列和 DWX 系列。

低压断路器的结构示意图如图 2-9 所示，低压断路器主要由触点、灭弧系统、各种脱扣器和操作机构等组成。

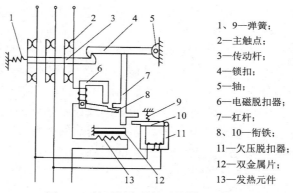

1、9—弹簧；
2—主触点；
3—传动杆；
4—锁扣；
5—轴；
6—电磁脱扣器；
7—杠杆；
8、10—衔铁；
11—欠压脱扣器；
12—双金属片；
13—发热元件

图 2-9　低压断路器的结构示意图

图 2-9 所示断路器处于闭合状态，三个主触点通过传动杆与锁扣保持闭合，锁扣可绕轴 5 转动。断路器的自动分断是由电磁脱扣器 6、欠压脱扣器 11 和双金属片 12 使锁扣 4 被杠杆 7 顶开而完成的。正常工作中，各脱扣器均不动作，而当电路发生短路、欠压或过载故障时，分别通过各自的脱扣器使锁扣被杠杆顶开，实现保护作用。

1. 低压断路器的标志组成及其含义

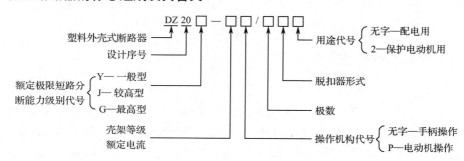

2. 较复杂的断路器组成及符号含义

较复杂的断路器组成及符号含义如图 2-10 所示。

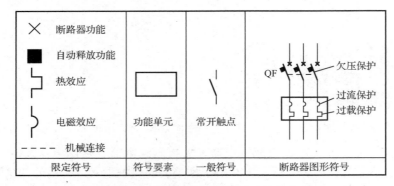

图 2-10　较复杂的断路器组成及符号含义

3. 刀闸和隔离开关及断路器和负荷开关的区别

刀闸和隔离开关同属刀型开关，无论外形、结构原理还是操作方法都很相似。但它们也有截然不同之处，必须严格区分。

刀闸是一种最简单的开关电器，用于开断 500 V 以下电路，它只能手动操作。由于电路开断时常有电弧，所以装有灭弧装置或快断触点。为了增强灭弧能力，其刀一般都较短。

隔离开关有高压、低压、单极、三极、室内、室外之分，它没有专门的灭弧装置，不能用来接通、切断负荷电流和短路电流，只能在电气线路切断的情况下进行操作。其主要作用是隔离电源，使电源与停电电气设备之间有一明显的断开点，所以不必考虑灭弧。为了保证可靠地隔离电源，防止过电压击穿或相间闪络，其刀一般做得较长，相间距离也较大。总之，隔离开关不能当作刀闸使用，而刀闸也只允许在电压不高的情况下用来隔离电路，且必须与熔断器等串联使用。

负荷开关没有欠压脱扣功能，突然长时间停电，不会自动断开电路。也就是说，变频器在恢复供电后直接通电启动，鉴于有的变频器设置的参数在恢复供电后仍然有效，使电动机自动启动。为防止因工作疏忽而造成安全事故，不支持使用负荷开关代替断路器。负荷开关是在额定电压和额定电流下，接通和切断高压电路的专用开关。只允许接通和断开负载电流，但不允许断开短路电流。

断路器用于接通和断开有载或无载线路及电气设备，以及发生短路时，能自动切断故障或重新合闸，起到控制和保护两方面的作用。

2.1.4　熔断器和控制按钮

1. 熔断器

熔断器是一种用于过载与短路保护的电器，如图 2-11 所示。熔断器由熔体和安装熔体的绝缘底座（或称熔管）等组成。熔断器的电气图形符号和文字符号如图 2-12 所示，当电路中发生过载或短路现象时，熔体自动断开，切断电路，起到保护作用。

图 2-11 熔断器

图 2-12 熔断器的电气图形符号和文字符号

2. 控制按钮

控制按钮是一种手动且一般可以自动复位的主令电器，如图 2-13 所示。"停止"和"急停"按钮为红色，"启动"按钮为绿色，"点动"按钮为黑色。手动按钮的电气图形符号和文字符号如图 2-14 所示。

图 2-13 控制按钮

（a）动合触点 （b）动断触点 （c）复合式触点

图 2-14 手动按钮的电气图形符号和文字符号

2.2 电气图的分类与特点

从初中我们就接触了最基本的电路分析知识，知道电路由四大部分组成，即一个正确的电路应该有下列基本组成部分：电源、用电器、开关和导线。电源起着把其他形式的能量转化为电能并提供电能的作用；导线起着连接电路元件和把电能输送给用电器的作用；开关控制电能的输送（电流的通断）；用电器将电能转化为其他形式的能量。如果一个电路缺少了这四个基本组成部分中的一部分，这个电路就不能工作或错误或存在危险（短路）。简单的电路，用电器只有灯泡等简单的"设备"。对复杂的用电设备如车床等，开关的形式更多样化，电路中还加入了各种保护措施，如热继电器、熔断器等。在一台复杂设备上要分解多个用电单元，如车床的各个运动部分都是相对独立的用电单元。但请同学们记住，复杂电路是由简单电路添加了某些功能而构成的一个复杂高效又能保证安全的电气系统，分析方法并没有本质的区别，应增强分析、识读和绘制复杂电路图的信心和能力。

电气图是用电气图形符号、带注释的围框或简化外形，来表示电气系统或设备中组成部分之间相互关系及其连接关系的一种图，是电气工程领域中提供信息的最主要方式，提供的信息内容可以是功能、位置、设备制造及接线等，也可以是工作参数表格、文字等。一个完整的工程项目电气图应包括图册目录和前言、电气系统图、电路图、接线图、位置图、项目表、说明文件、特殊电气图、局部补充和说明等部分。其中电路图（电气原理图）、接线图和位置图是工程上使用最多的电气图，具有重要的作用。

1. 电气图分类

1）系统图

系统图是一种用符号或带注释的框图概略表示系统的基本组成、相互关系及其主要特征的简图。通常用于表示系统化成套装置，其中的框图常用于表示分系统或设备，如图 2-15 所示。

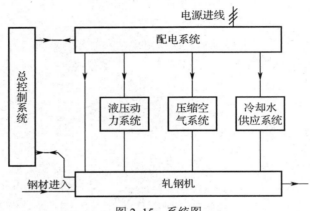

图 2-15　系统图

2）电路图（电气原理图）

电气原理图是用图形符号按照电路工作原理顺序排列，详细表示电路、设备或成套装置的全部组成和链接关系，采用展开形式绘制的一种简图。

3）接线图（接线表）

接线图（接线表）是表示成套装置、设备或装置的连接关系的一种简图或表格，主要包含电气设备和电气元件的相对位置、项目代号、端子号、导线等情况，用于电气设备安装接线、电路检查、电路维修和故障处理等，如图 2-16 所示。

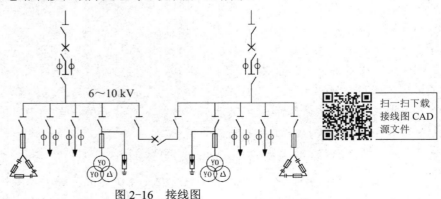

扫一扫下载
接线图 CAD
源文件

图 2-16　接线图

4）位置图

位置图是表示成套装置、设备或装置中各个项目的具体位置的一种简图，常见的是电气平面图、设备布置图、电气元件布置图，如图 2-17 所示。

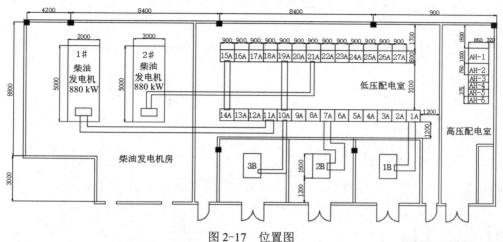

图 2-17　位置图

5）功能表图

功能表图是表示控制系统的作用和状态的图，如图 2-18 所示。

2. 电气图的特点

1）电气图的主要表达方式

简图是电气图的主要表达方式，仅表示电路中各设备、装置、电气元件等的功能及连接关系，如电气系统图、电路图、接线图等。

简图中各组成部分或电气元件用电气符号表示，在相应的图形符号旁标注文字符号、数字编号，而不具体表示其外形及结构等特征，没有投影关系，不标注尺寸，按功能和电流流向表示各装置、设备及电气元件的相互位置和连接顺序。

2）电气图的主要组成部分

用各种图形符号、文字符号、项目代号来说明电气装置、设备和线路的安装位置、相互关系和敷设方法等。有时还要添加一些注释、技术数据等详细信息。

3）电气图的主要元素

构成电气图的主要元素是元件和连接线，即电气图中的电气设备或装置可以通过电气元件和连接线进行描述。

电气元件的表示通常有整体、展开、半展开三种方法。整体表示法是将一个元件的各个部分集中在一起绘制，并用虚线连接起来，这种表示方法整体性较强，元件的所有部件

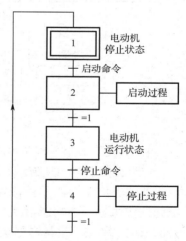

图 2-18　功能表图

及其关系清晰，但不利于电路功能原理的理解，适用于简单电路，如图 2-19 所示。展开表示法是将同一个元件的不同部分分散布置，用同一项目代号来表示它们之间的关系，这种表示方法使得电路图清晰，易于阅读，便于了解整套装置的动作顺序和工作原理，适用于复杂的电气图，但是该方法需要依靠项目代号名才能识别同一元件，如图 2-20 所示。半展开表示法是介于整体和展开之间的一种表示方法，将部分元件的图形符号在简图上分开布置，并用机械连接线符号表示它们之间的关系，可以使设备和装置布局清晰，易于识别。

图 2-19　整体表示法　　　　　　　　图 2-20　展开表示法

连接线通常有连续线、中断线、单线、多线等表示方法，如图 2-21 所示。

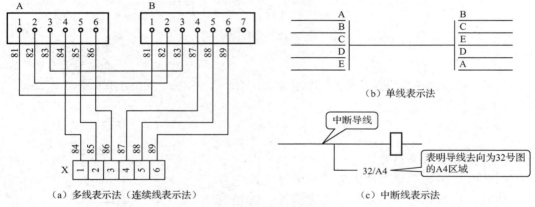

（a）多线表示法（连续线表示法）　　　　　（c）中断线表示法

图 2-21　连接线表示方法

4）电气图的基本布局方法

电气图的基本布局方法有功能布局法和位置布局法。

功能布局法中，元件符号的位置只考虑元件之间的功能关系，而不考虑实际位置，每个元件按照划分的功能组从左到右或从上到下布置，每个功能组的元件集中布置在一起。大部分电气图采用这种布局法，如系统图、电气原理图。

位置布局法中，元件符号的位置按照该元件的实际位置在图中布局，清晰反映元件的相对位置和导线的走向，平面图、安装接线图采用的就是这种方法，有利于装配接线时读图。

2.3　电气图形符号标准与识图

所谓识图，就是为了看懂图纸表达的电气控制系统的设计意图，便于分析系统的工作原理、安装、调试和检修。一个完整的电气图应该由三部分组成：电路图、技术说明、标题栏。电路图中包含了线路和电气元件符号，而电气符号包括电气图形符号和文字符号。绘图所用符号必须符合国家标准。

2.3.1　电气图形符号

图形符号通常用于图样或其他文件，是用以表示一个设备或概念的图形、标记或字符。电气控制系统图中的图形符号必须按国家标准绘制。

图形符号由一般符号、符号要素、限定符号组成。

1. 一般符号

一般符号是表示一类产品和此类产品特征的一种简单的符号，如电阻、二极管、开关、电容、电动机等。

2. 符号要素

符号要素是一种具有确定意义的简单图形，必须同其他图形组合才构成一个设备或概念的完整符号，一般不能单独使用。例如，接触器常开主触点的符号就由接触器触点功能符号和常开触点符号组合而成。

3. 限定符号

限定符号是用以提供附加信息的一种加在其他符号上的符号，说明某些特征、功能和作用，不能单独使用。结合不同的限定符号可以得到不同的专用符号。有些一般符号也可用作限定符号。

2.3.2　文字符号

文字符号由电气设备、装置和元器件的种类字母代码和功能字母代码组成，适用于电气技术领域中技术文件的编制，用以标明电气设备、装置和元器件的名称及电路的功能、状态和特征。还可以与基本图形符号和一般符号组合使用派生出新的电气图形符号。

文字符号分为基本文字符号和辅助文字符号，必要时还需添加补充文字符号。

基本文字符号有单字母符号与双字母符号两种。

单字母符号按拉丁字母顺序将各种电气设备、装置和元器件划分为 23 大类，每一类用一个专用单字母符号表示，如"C"表示电容器类，"Q"表示开关类等。

双字母符号由一个表示种类的单字母符号与另一个字母组成，且以单字母符号在前，另一字母在后的次序列出，如"F"表示保护器件类，"FU"则表示熔断器。

辅助文字符号用来表示电气设备、装置和元器件及电路的功能、状态和特征，如"RD"表示红色，"L"表示限制等。辅助文字符号也可以放在表示种类的单字母符号之后组成双字母符号，如"SP"表示压力传感器，"YB"表示电磁制动器等。为简化文字符号，若辅助文字符号由两个以上字母组成，则允许只采用其第一位字母进行组合，如"MS"表示同步电动机。辅助文字符号还可以单独使用，如"ON"表示接通，"M"表示中间线等。

补充文字符号用于基本文字符号和辅助文字符号在使用中仍不够用时进行补充，但要按照国家标准中的有关原则进行。

例如，有时需要在电气原理图中对相同的设备或元器件加以区别时，常使用数字序号进行编号，如"G1"表示 1 号发电机，"T2"表示 2 号变压器。

2.3.3　电气符号国家标准

现在正在使用的国家标准 GB/T 4728—2008《电气简图用图形符号》规定了电气简图中图形符号的画法，共包含 13 个部分，各部分内容见表 2-2。

表 2-2　GB/T 4728—2008《电气简图用图形符号》各部分内容

部　　分	内　　容	部　　分	内　　容
第 1 部分	一般要求——总则	第 8 部分	测量仪表、灯和信号器件
第 2 部分	符号要素、限定符号和其他常用符号	第 9 部分	电信中的交换和外围设备
第 3 部分	导体和连接件	第 10 部分	电信中的传输
第 4 部分	基本无源元件	第 11 部分	建筑安装平面布置图
第 5 部分	半导体管和电子管	第 12 部分	二进制逻辑元件
第 6 部分	电能的发生与转化	第 13 部分	模拟元件
第 7 部分	开关、控制盒保护器件		

> 电气图必须根据国家电气制图标准，用规定的图形符号、文字符号及规定的画法绘制。各种图的图纸尺寸一般选用 297×210、297×420、297×630 和 297×840（单位：mm）四种幅面。标题栏的尺寸遵循国家或公司的统一规定，一般绘制在图纸的下方或右下角。

表 2-3 给出了部分常用低压电器的图形符号和文字符号。

表 2-3　常用低压电器的图形符号和文字符号

类别	名　　称	图形符号	文字符号	类别	名　　称	图形符号	文字符号
开关	单极控制开关	（图形）	SA	位置开关	常开触点	（图形）	SQ
	手动开关一般符号	（图形）	SA		常闭触点	（图形）	SQ
	三极控制开关	（图形）	QS		复合触点	（图形）	SQ
	三极隔离开关	（图形）	QS	按钮	常开按钮	（图形）	SB
	三极负荷开关	（图形）	QS		常闭按钮	（图形）	SB
	组合旋钮开关	（图形）	QS		复合按钮	（图形）	SB
	低压断路器	（图形）	QF		急停按钮	（图形）	SB
	控制器或操作开关	（图形）	SA		钥匙操作式按钮	（图形）	SB

续表

类别	名　称	图形符号	文字符号	类别	名　称	图形符号	文字符号
接触器	线圈操作器件		KM	热继电器	热元件		FR
	常开主触点		KM		常闭触点		FR
	常开辅助触点		KM	中间继电器	线圈		KA
	常闭辅助触点		KM		常开触点		KA
时间继电器	通电延时（缓吸）线圈		KT		常闭触点		KA
	断电延时（缓放）线圈		KT	电流继电器	过电流线圈	$I>$	KA
	瞬时闭合的常开触点		KT		欠电流线圈	$I<$	KA
	瞬时断开的常闭触点		KT		常开触点		KA
	延时闭合的常开触点	或	KT		常闭触点		KA
	延时断开的常闭触点	或	KT	电压继电器	过电压线圈	$U>$	KV
	延时闭合的常闭触点	或	KT		欠电压线圈	$U<$	KV
	延时断开的常开触点	或	KT		常开触点		KV
电磁操作器	电磁铁的一般符号	或	YA		常闭触点		KV
	电磁吸盘		YH	电动机	三相笼型异步电动机	M 3~	M
	电磁离合器		YC		三相绕线转子异步电动机	M 3~	M

续表

类别	名　称	图形符号	文字符号	类别	名　称	图形符号	文字符号
电磁操作器	电磁制动器		YB	电动机	他励直流电动机		M
	电磁阀		YV		并励直流电动机		M
非电量控制的继电器	速度继电器常开触点		KS		串励直流电动机		M
	压力继电器常开触点		KP	熔断器	熔断器		FU
发电机	发电机		G	变压器	单相变压器		TC
	直流测速发电机		TG		三相变压器		TM
灯	信号灯（指示灯）		HL	互感器	电压互感器		TV
	照明灯		EL		电流互感器		TA
接插器	插头和插座	或	X 插头 XP 插座 XS	电抗器	电抗器		L

2.3.4 电气图布局

　　合理布局是电气图的一项重要内容，它不仅增强了图纸的可读性，更重要的是能清晰表达电气工作原理。电气图中表示导线、信号通路、连接线等的图线一般应为直线，在绘制时要求横平竖直，尽可能减少交叉和折弯，并根据所绘电气图种类，合理布局。电气图一般有水平布局和垂直布局两种形式，如图 2-22 和图 2-23 所示。水平布局中，设备及电气元件图形符号从上至下横向排列，连线水平布置；垂直布局中，设备和电气元件图形符号从左至右纵向排列，连线垂直布置。

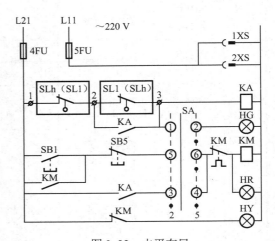

图 2-22　水平布局

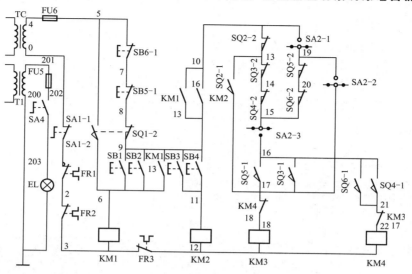

图2-23 垂直布局

2.3.5 文字标注规则

电气图中文字标注遵循就近标注规则与相同规则。电气元件各导电部件的文字符号应标注在图形符号的附近位置，同一电气元件的不同导电部件必须采用相同的文字标注符号。

2.4 AutoCAD 电气图修剪和延伸指令

1. 使用修剪的方法

使用修剪（Trim）的方法有三种，分别为：

（1）在"修改"工具栏中选择"修剪"按钮，如图2-24（a）所示。

（2）在"修改"菜单中选择"修剪"命令，如图2-24（b）所示。

（3）在命令窗口中输入"修剪"命令快捷键 TR，如图2-24（c）所示。

修剪

修剪对象以适合其他对象的边

要修剪对象，请选择边界，然后按 Enter 键并选择要修剪的对象。要将所有对象用作边界，请在首次出现"选择对象"提示时按 Enter 键。

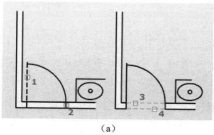

（a）

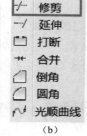

（b）

（c）

图2-24 使用修剪的方法

2. 使用延伸的方法

使用延伸（Extend）的方法有三种，分别为：

（1）在"修改"工具栏中选择"延伸"按钮，如图 2-25（a）所示。

（2）在"修改"菜单中选择"延伸"命令，如图 2-25（b）所示。

（3）在命令窗口中输入"延伸"命令快捷键 EX，如图 2-25（c）所示。

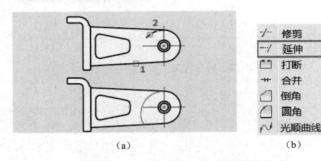

图 2-25 使用延伸的方法

3. 修剪和延伸的基本操作

CAD 中"修剪"命令是编辑命令中使用频率非常高的一个命令，"延伸"命令和"修剪"命令的效果相反，两个命令在使用过程中可以通过按 Shift 键相互转换。修剪和延伸通过缩短或拉长图形、删除图形多余部分，使图形与其他图形的边相接。因为有这两个命令，我们在绘制图形时可以不用特别精确控制长度，甚至可以用构造线、射线来代替直线，然后通过修剪和延伸对图形进行修整。

修剪和延伸的基本技巧是选择，首先要选择修剪、延伸边界，或称为切割对象，也就是选择作为修剪和延伸的基准的对象，然后是选择要被修剪或延伸的对象，掌握这两者的选择技巧就基本掌握了修剪和延伸的操作。

根据图 2-26 所示进行修剪和延伸的基本操作，步骤如下：

输入 TR 命令，回车。

点选图中的边界对象后，回车。

在修剪对象的上半部分单击，完成修剪。

按住 Shift 键，单击要延伸的对象，完成延伸。结果如图 2-27 所示。

注意：注意看命令行提示，由于边界对象可以选择多个，必须按回车或空格键确认才能进行后面的修剪。

另外，要知道修剪的同时也可以延伸，不需要退出"修剪"命令再去执行一次"延伸"命令了。

修剪边界也可以作为被修剪的对象，被其他边界修剪。

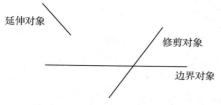

图2-26 修剪和延伸相关对象

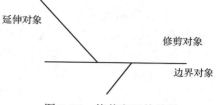

图2-27 修剪和延伸结果

4. 修剪的选择技巧

修剪和延伸不仅支持一些简单的点选和框选，还支持一些非常特殊的选择方式。掌握了选择的技巧，可以使修剪的操作效率成倍提升。

1）点选和框选

修剪边界对象（切割对象）支持常规的各种选择技巧，如点选、框选，而且可以不断累加选择。当然，最简单的选择方式是当出现选择修剪边界时直接按空格（回车）键，此时将能够对图中所有图形进行修剪编辑，可以修剪图中的任意对象。将所有对象作为修剪对象操作非常简单，省略了选择修剪边界的操作，因此大多数设计人员都已经习惯于这样操作。但建议还是具体情况具体对待，不要什么情况都使用这种方式。有些情况不适合用所有对象作为修剪边界，如图2-28所示情况，要修剪线1、2之间的线，如果选择所有对象作为边界，修剪时就需要点五次；如果只选择线1、2作为边界，修剪时只要点一次就可以了。

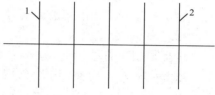

图2-28 修剪技巧

还有一种情况，如果图中图形非常多，对象数量达到数万，修剪时也不建议使用所有对象作为修剪边界。因为让数万个对象都参与修剪计算，比只选择几条边界进行修剪消耗更多系统资源，软件计算时间更长。

被修剪对象支持点选和框选，这两种方式不用输入参数，直接使用即可（CAD早期版本可能不能直接框选，需要输入选项）。

2）围栏

被修剪对象还有一种特殊模式：围栏（F），也就是可以拉一条线，与此线交叉的部分都被修剪，如图2-29所示。

对于这张图来说，框选两次也可以，可能比输入F参数，然后再拉一条折线更方便。如果要修剪的部分在两条相隔比较近的线中间，尤其是斜向的时候，用栏选还是很方便的，如图2-30所示。

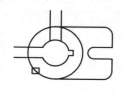

（a）选定的剪切边

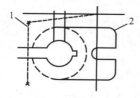

（b）用栏选选定的要修剪的对象

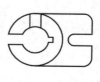

（c）结果

图2-29 栏选对象

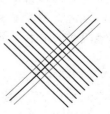

图2-30 栏选

3）边缘和投影模式

除了选择的技巧外，修剪和延伸还提供了一些选项，如选择边缘模式和投影模式。

边（E）：即使选择的剪切边或边界边与修剪对象不相交，但延长线能相交，也可以进行修剪，如图 2-31 所示。

选择要修剪的对象，或按住 Shift 键选择要延伸的对象，或[栏选(F)/窗交(C)/投影(P)/边(E)/删除(R)/放弃(U)]：

此时输入 E，就可以将边缘模式设置为延伸或不延伸，只要设置为延伸，就可以成功地用修剪边界的延长线去修剪；如果设置为不延伸，当然就无法修剪了，如图 2-32 所示。

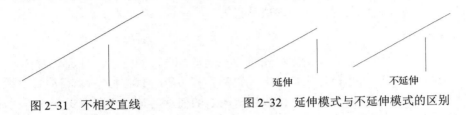

图 2-31 不相交直线　　　　图 2-32 延伸模式与不延伸模式的区别

4）删除和放弃

删除：删除选定的对象。输入 R 选项提供了一种用来删除不需要的对象的简便方法，而无须退出 TRIM 命令。

选择要删除的对象或<退出>：使用对象选择方法并按 Enter 键返回到上一个提示。

放弃：输入 U 可撤销由"修剪"或"延伸"命令所做的最近一次修改。

5. 修剪和延伸带宽度的多段线

如果修剪或延伸锥形的二维多段线，修剪处将保留当前的宽度；如果是延伸，线的宽度将按原来的变化趋势将原来的锥形延长到新端点。当然如果延伸到端点处时端点是负值，则末端宽度被强制为 0，如图 2-33 所示。

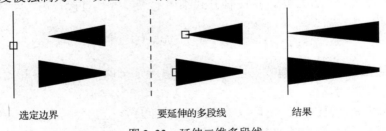

选定边界　　　　　　要延伸的多段线　　　　　结果

图 2-33 延伸二维多段线

修剪和延伸都是以多段线的中心线为基准的，也就是按没有宽度的状态的相交点进行修剪，端点始终是和多段线垂直的。当宽度比较大，而修剪边界又与多段线不垂直时，会看到多段线的端点会部分延伸出剪切边，如图 2-34 所示。

6. 缩放指令

在 CAD 绘图中使用缩放指令，来实现图形缩小或放大。打开缩放指令有三种方法：

（1）可以单击缩放工具，如图 2-35 所示。

缩放

放大或缩小选定的对象，缩放后保持对象的比例不变

要缩放对象，请指定基点和比例因子。基点将作为缩放操作的中心，并保持静止。比例因子大于1时将放大对象，比例因子介于0和1之间时将缩小对象。

图2-34　带宽度的多段线延伸

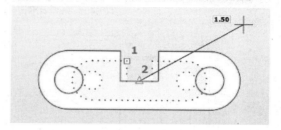

图2-35　缩放指令打开方式一

（2）可以单击"修改"菜单，选择下拉菜单中的"缩放"命令，如图2-36所示。

（3）可以输入快捷键SC回车执行缩放指令，如图2-37所示。

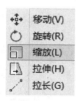

图2-36　缩放指令打开方式二

图2-37　缩放指令打开方式三

例如，对一个如图2-38所示的10×10正方形图形进行缩放。

（1）单击"缩放"命令，选择图形，回车，如图2-39所示。

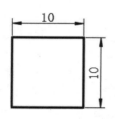

图2-38　缩放图形

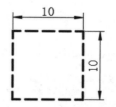

图2-39　选择缩放图形

（2）单击基点，然后输入比例值回车得到图形。比例值如果大于1，则得到的图形是放大的图形；反之，比例值如果小于1，则得到的图形是缩小的图形。如图2-40所示指定比例因子为2，指定端点为正方形左下角端点，如图2-41所示为缩放后图形。

如果想将图2-40变为图2-42，除了输入比例值外（比例值算起来比较麻烦），还可以通过使用参照功能完成，效果如图2-42所示，操作步骤如下。

单击"缩放"命令，选择图形回车；单击基点（左下端点），然后输入R回车；单击基点，再在右端点处单击，输入12.5回车，则图2-40就变为图2-42的尺寸了。

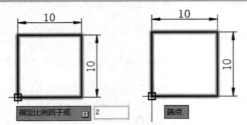

图 2-40　指定比例因子和端点

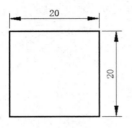

图 2-41　缩放后图形

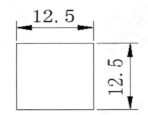

图 2-42　使用参照功能缩放

单击"缩放"命令，根据命令窗口提示进行操作。

```
SCALE
选择对象：指定对角点：找到 3 个              // 选择缩放对象
选择对象：
指定基点：                                   // 选择基点
指定比例因子或 [复制(C)/参照(R)]：R          // 选择参照选项，输入 R
指定参照长度 <12.5000>：20                   // 缩放之前长度 20
指定新的长度或 [点(P)] <1.0000>：12.5        // 输入缩放之后长度 12.5
```

7. 修剪指令

在 CAD 绘图中使用修剪指令可以将边界线内的线条修剪掉。打开修剪指令有三种方法，如图 2-43 所示。

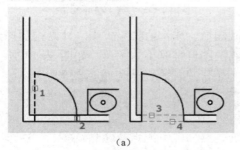

（a）　　　　　　　　　　　（b）　　　　　　　　　（c）

图 2-43　修剪指令打开方式

（1）单击"修改"工具栏中的"修剪"命令按钮。

（2）在"修改"菜单中选择"修剪"命令。

（3）在命令窗口中输入"修剪"命令快捷键TR。

修剪操作如下。

（1）单击"修剪"命令，选择边界线及要修剪的线条，对图2-44所示图形进行修剪。

（2）回车，选择要被修剪的部分，被修剪的线条在边界线内就没了，如图2-45所示为修剪后图形。

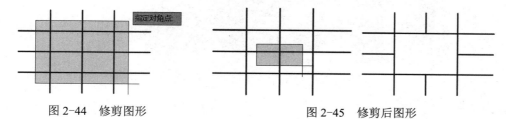

图2-44 修剪图形   图2-45 修剪后图形

（3）边界线就是要修剪线的两边边界。如图2-46所示，要修剪中间线段。

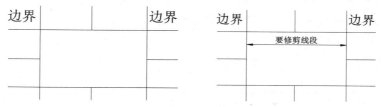

图2-46 修剪中间线段

（4）单击"修剪"命令，单击边界线，然后回车，单击被修剪线上任意一点（该点在边界线之间），修剪后图形如图2-47所示。

图2-47 修剪后图形

项目实施

2.5 CW6132型普通车床电气原理图的识读

车床是一种用途极广且很普遍的金属切削机床，主要用来车削外圆、内圆、端面、螺纹、定型面，也可用钻头、铰刀等刀具来钻孔、镗孔、倒角、割槽和切断等。普通车床实物图如图2-48所示。

电气原理图用图形符号和项目代号表示电路各个电气元件的连接关系和电气系统的工

作原理。CW6132 型普通车床电气原理图如图 2-49 所示。

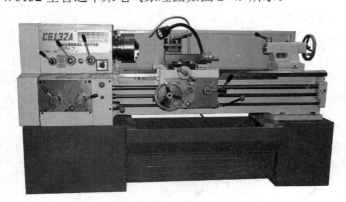

扫一扫下载普通
车床电气原理图
CAD 源文件

图 2-48 普通车床实物图

图中的所有电气元件不画出实际外形图，而采用国家标准规定的图形符号和文字符号，原理图注重表示电气电路各电气元件间的连接关系，而不考虑其实际位置，甚至可以将一个元件分成几个部分绘于不同图纸的不同位置，但必须用相同的文字符号标注。电气原理图的绘制规则由国家标准 GB 6988.4 给出。

继电器-接触器控制系统电气原理图从功能上看，一般包括主电路、控制电路、信号指示电路和保护电路四部分，如图 2-49 所示。

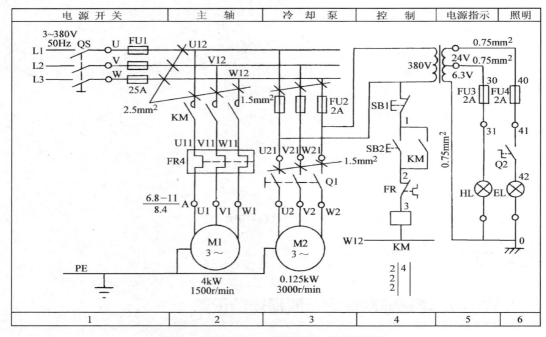

图 2-49 CW6132 型普通车床电气原理图

主电路是设备驱动电路，包括从电源到用电设备的电路，是强电流通过的部分。

控制电路是由按钮、接触器和继电器的线圈，以及各种电器的常开、常闭触点等组合构成的控制逻辑电路，实现所需要的控制功能，是弱电流通过的部分，通常通过主电路实

现电源供电。

信号指示电路为控制电路的运行状态提供视觉显示，保护电路为设备正常运行提供保障。

通常信号指示电路和保护电路是和控制电路融合在一起的，所以从电路结构来看主要就分为两大部分，即主电路和控制电路。

2.6　三相异步电动机正反转电气原理图的识读与绘制

1. 三相异步电动机正反转电气原理图识图

工农业生产中，生产机械的运动部件往往要求实现正反两个方向运动，这就要求拖动电动机能正反向旋转。例如，在铣床加工中工作台的左右、前后和上下运动，起重机的上升与下降等，可以采用机械控制、电气控制或机械电气混合控制的方法来实现，当采用电气控制的方法实现时，则要求电动机能实现正反转控制。从电动机的原理可知，改变电动机三相电源的相序即可改变电动机的旋转方向，而改变三相电源的相序只需任意调换电源的两根进线。三相异步电动机正反转电气原理图如图 2-50 所示。

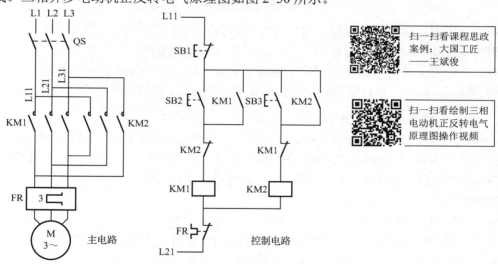

图 2-50　三相异步电动机正反转电气原理图

电路由主电路和控制电路两大部分组成，包含低压断路器、接触器、熔断器、热继电器、手动按钮等低压电器。所有元件和设备的可动部分均表示为不工作的状态或位置。如继电器和接触器的常开触点保持断开状态，常闭触点保持闭合状态。

电路工作原理为：合上电源开关 QS，按下启动按钮 SB2，接触器 KM1 线圈得电，接触器 KM1 主触点和辅助触点闭合，电动机正转；按下停止按钮 SB1，电路断电，电动机停止；按下反转启动按钮 SB3，接触器 KM2 线圈得电，接触器 KM2 主触点和辅助触点闭合，电动机反转；按下停止按钮 SB1，电动机停止。

2. 三相异步电动机正反转电气原理图的绘制

考虑到绘图的合理性，同时为了拓展绘图布局的思路，我们将图 2-50 稍做改变，来绘制电动机正反转的具体电路图，如图 2-51 所示。

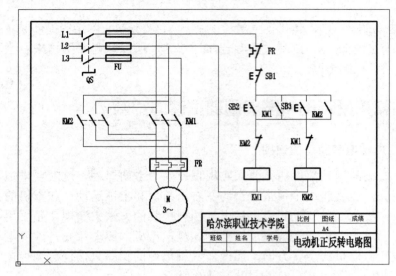

扫一扫下载电动
机正反转电路图
CAD 源文件

图 2-51 电动机正反转电路图

绘图布局采用垂直布置，电气元件采用其对应电气图形符号和文字符号表示。主电路用粗实线绘制，一般控制电路、信号指示电路和保护电路用细实线绘制。在进行文字标注时，多个同类的电气元件可以在文字符号后加上数字序号加以区分（如果需要标注的元器件的数量比较多，可以采用设备表的形式统一给出，提高图纸的可读性）。

1）分析图形、选择图纸、建立图层

根据图形大小，确定一个基础比例尺寸，如假定 L1、L2 两线间距为 10 mm，以此长度为基准比例单位，则可大体推算出所有间距的大致宽度和线段的长度。选择标准图纸并按国家标准绘制图框（装订边、边界）。本例可选择 A4 图纸并参照项目 1 中图 1-3 绘制好图框和标题栏。

创建粗实线层、细实线层、文字层。

在相应的图层绘制电路原理图，文字层用来放置元器件、线路等说明文字，粗实线线宽设置为 0.3 mm，其他线宽可以采用系统默认设置。

2）合理布局、绘制电路的线路结构图

绘制电路图没有具体的尺寸要求，但为了保证图纸的规范化和可读性，就必须考虑布局的合理性及绘制或插入电气元件简图的合理比例。如前所述，在 CAD 绘图的过程中，可以借助栅格功能来估计和判断布局的大体尺寸和电气元件的摆放位置，如图 2-52 所示。

绘图要点如下。

（1）打开▦工具，把鼠标放在该图标上右击，单击"设置"，会出现图 2-53 所示"草图设置"对话框，按图所示数据设置好所有选项。单击"确定"按钮关闭对话框。

（2）重点训练电路图在图框中的布局，要求合理、美观、规范。按照栅格设置的间距 10 mm，将每个栅格的尺寸当作坐标纸，来估计图形的尺寸和位置，在相应的图层上绘图。

（3）根据图形图线的特点，相同的元素尽可能简化绘图过程，使用"复制"、"阵列"或"偏移"命令。

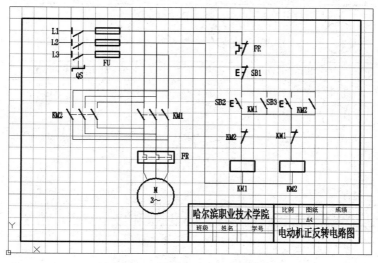

图 2-52　栅格显示打开后的参考界面

（4）重点复习捕捉、追踪对齐、修剪和单行文字的使用方法。

（5）注意虚线的加载方式及其适应图幅比例的全局比例因子的调整方法。

（6）认识并记住图形中的电气元件简图和对应的文字符号，并了解它们在电路图中的作用原理。

3）绘制图块

绘制电气工程图时，往往会碰到许多电气元件的简图可以重复使用，为了简化绘图过程，节省绘图时间，这些可重复使用的简图可以通过三种方式来提高绘图效率。

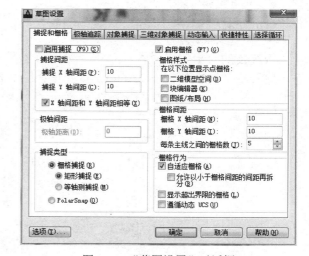

图 2-53　"草图设置"对话框

（1）把该简图作为图元，复制粘贴到其他部位，适合于在一张图纸上有多个相同元素时使用。

（2）建立一张自己专用的模板，如图 2-54 所示的电气元件简图表。

（3）创建成块保存在绘图软件中，使用时调出插入即可。

建议同学们优先采用第二种方式，以便于长期保存并携带使用。而长期使用一台自己专有的计算机，也可以采用第三种方式，优点是便于随时调用。此处重点学习图块的概念和创建及插入方法。

块是图形对象的集合，通常用于绘制复杂、重复的图形。一旦将一组对象组合成块，就可以根据绘图需要将其插入到图中任意指定的位置，而且还可以按不同的比例和旋转角度插入。块具有以下特点：

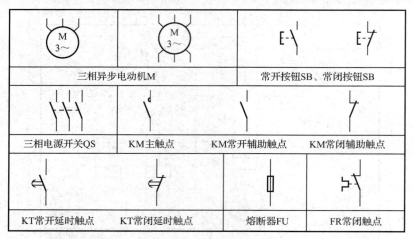

图 2-54　电气元件简图表

① 提高绘图速度；

② 节省存储空间；

③ 便于修改图形；

④ 加入属性。

将选定的对象定义成块：单击"绘图"工具栏上的"创建块"按钮，或选择"绘图"→"块"→"创建"命令，AutoCAD 弹出如图 2-55 所示的"块定义"对话框。

图 2-55　"块定义"对话框

假如把三相电动机简图定义为块：单击 "插入块"按钮弹出"块定义"对话框后，将"插入点"选项中的"在屏幕上指定"选中；单击"对象"选项中的"选择对象"按钮，到电路图中选取三相电动机简图部分，回车。返回对话框，将"方式"选项中的"注释性"选项选中，单击"确定"按钮。确定一个插入的基点后，块创建成功。块设置对话框如图 2-56 所示。

图 2-56　块设置对话框

4）插入图块

单击"插入块"按钮，出现刚刚创建好的三相电动机图块，单击确定，即可将创建的图块插入线路结构图中。（当插入的块尺寸不合适时，可使用缩放、对象追踪、对象捕捉等功能改变块的属性。）

5）添加文字和注释

绘制完基本的线路图后，一定要按照国家标准，将简图的文字符号及注释和说明添加到相应位置。简单的文字可采用单行文字输入，此处不再赘述。

2.7 CA6140 型普通车床电气原理图的识读与绘制

1. 车床电气原理图的识读

CA6140 型车床的电气原理图如图 2-57 所示，图中 M1 为主轴及进给电动机，拖动主轴和工件旋转，并通过进给机构实现车床的进给运动；M2 为冷却泵电动机，拖动冷却泵输出冷却液；M3 为溜板快速移动电动机，拖动溜板实现快速移动。

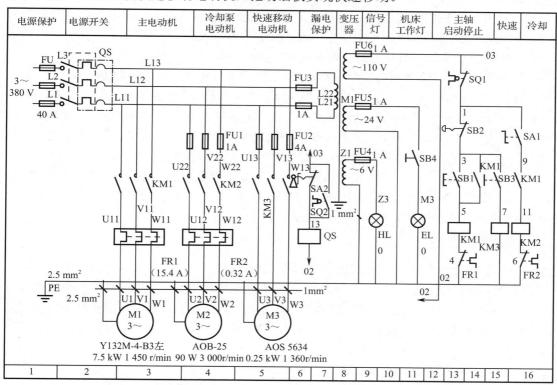

图 2-57　CA6140 型车床的电气原理图

1）主轴及进给电动机 M1 的控制

由启动按钮 SB1、停止按钮 SB2 和接触器 KM1 构成电动机单向连续运转启动-停止电路。按下 SB1，线圈通电并自锁，

扫一扫看绘制 CA6140 型车床电气原理图操作视频

M1 单向全压启动，通过摩擦离合器及传动机构拖动主轴正转或反转，以及刀架的直线进给。停止时，按下 SB2，KM1 断电，M1 自动停车。

2）冷却泵电动机 M2 的控制

M2 的控制由 KM2 电路实现。主轴电动机启动之后，KM1 辅助触点（9-11）闭合，此时合上开关 SA1，KM2 线圈通电，M2 全压启动。停止时，断开 SA1 或使主轴电动机 M1 停止，则 KM2 断电，使 M2 自由停车。

3）快速移动电动机 M3 的控制

由按钮 SB3 来控制接触器 KM3，进而实现 M3 的点动。操作时，先将快、慢速进给手柄扳到所需移动方向，即可接通相关的传动机构，再按下 SB3，即可实现该方向的快速移动。

4）保护环节

（1）电路电源开关是带有开关锁 SA2 的断路器 QS。机床接通电源时需用钥匙开关操作，再合上 QS，增加了安全性。当需合上电源时，先用开关钥匙插入 SA2 开关锁中并右旋，使 QS 线圈断电，再扳动断路器 QS 将其合上，机床电源接通。若将开关锁 SA2 左旋，则触点 SA2（03-13）闭合，QS 线圈通电，断路器跳开，机床断电。

（2）打开机床控制配电盘壁龛门，自动切除机床电源的保护。在配电盘壁龛门上装有安全行程开关 SQ2，当打开配电盘壁龛门时，安全开关的触点 SQ2（03-13）闭合，使断路器线圈通电而自动跳闸，断开电源，确保人身安全。

（3）机床床头皮带罩处设有安全开关 SQ1，当打开皮带罩时，安全开关触点 SQ1（03-1）断开，将接触器 KM1、KM2、KM3 线圈电路切断，电动机将全部停止旋转，确保人身安全。

（4）为满足打开机床控制配电盘壁龛门进行带电检修的需要，可将 SQ2 安全开关传动杆拉出，使触点（03-13）断开，此时 QS 线圈断电，QS 开关仍可合上。带电检修完毕，关上壁龛门后，将 SQ2 开关传动杆复位，SQ2 保护作用照常起作用。

（5）电动机 M1、M2 由 FU 热继电器 FR1、FR2 实现电动机长期过载保护；断路器 QS 实现电路的过流、欠压保护；熔断器 FU、FU1～FU6 实现各部分电路的短路保护。此外，还设有 EL 机床照明灯和 HL 信号灯进行刻度照明。

2. 车床电气原理图的绘制

总结电动机正反转电路图的绘图过程，电气原理图绘制的基本步骤是：首先，进行认真构思，对所要绘制的步骤及表达的内容和布局做到心中有数；其次，对整个图面进行布局，把所要表达的全部内容（不能遗漏），按其正确位置、主次及繁简划定实际所占画面大小；再次，确定基准线，包括水平基准线和垂直基准线；最后，按自左至右、自上而下、先主后次、先图形后文字的顺序画图。

电气原理图绘制的注意事项如下。

（1）电气控制线路根据电路通过的电流大小可分为主电路和控制电路。主电路包括从电源到电动机的电路，是强电流通过的部分，用粗线条画在原理图的左边。控制电路是通过弱电流的电路，一般由按钮、电气元件的线圈、接触器的辅助触点、继电器的触点等组成，用细线条画在原理图的右边。

（2）电气原理图中，所有电气元件的图形、文字符号必须采用国家标准规定的符号。

（3）采用电气元件展开图的画法。同一电气元件的各部件可以不画在一起，但需用同一文字符号标出。若有多个同一种类的电气元件，可在文字符号后加上数字序号，如 KM1 和 KM2 等。

（4）所有按钮、触点均按没有外力作用和没有通电时的原始状态画出。

（5）控制电路的分支线路，原则上按照动作的先后顺序排列，两线交叉连接时的电气连接点需用黑点标出。

（6）既要考虑布局的合理性，也要考虑美观性，同种元器件在同一图纸中大小一致，不同控制元器件的大小尽量保持一致。考虑到设计图纸的图幅尺寸及整个线路的复杂度，统一确定元器件的预留位置。

本着以上思路，来绘制车床电路图。

1）分析图形、构思布局、选择图纸

车床电气原理图的图纸上方有 12 个功能区，并将元件组合细分为 16 个小区，若将熔断器元件绘图尺寸定为 15×5，且竖线间距暂定为 10，以此判断大小各功能区的尺寸，即以 10 为基本绘图单位度量图纸水平和竖直的大致距离，可以确定图纸图幅为 A3（420×297）。

打开一张 CAD 中的 A3 图纸，并根据图线和文字要求正确设置绘图环境（复习项目 1 有关内容）。按国家标准绘制图框和标题栏，做好绘图准备。（提示：本例可设置线路层、元件层、文字层；文字高度 5。）

2）绘制线路和元件

打开栅格显示，把其作为坐标来使用，即不用绘制基线或定位线。

分析图中相同元件数量和属性：熔断器 FU 14 个、开关 24 个、线圈 4 个、热元件 5 个、电动机 3 个、灯 2 个、绕组线圈 4 个。对这些元件创建块，在稍后的绘图中插入即可。

其他细部图形可布局后添加修改绘制。

绘制完线路图后再按实际位置分隔功能栏。

基本的绘图命令在项目 1 中都已掌握，同学们可自行绘制如图 2-58 所示的原理图。

（**提示**：重复导线用"复制"命令按尺寸复制粘贴到位；虚线要加载，图形用"直线"命令绘制完成后选择所有要用虚线表示的线段，改为虚线；绕组线圈用"阵列"命令绘制；使用夹点编辑线段长度；注意修剪无关因素。）

3）标注文字和解释

（1）没有上下角标的文字可用单行文字输入，注意使用该命令时调整对齐方式。

（2）有角标的文字用多行文字输入，格式规定：

mm^2 的输入方式为：mm2^选中 2^，单击堆叠 $\frac{b}{a}$，显示结果为 mm^2；

mm_2 的输入方式为：mm^2 选中^2，单击堆叠 $\frac{b}{a}$，显示结果为 mm_2。

（3）输入一个文字符号后，用复制命令将其粘贴到所有需要输入文字符号的地方，然后逐一编辑修改为正确的文字符号。这样会减少差错并提高绘图速度。

（4）文字的大小可以在文本框中随时调整为需要的字体和高度。

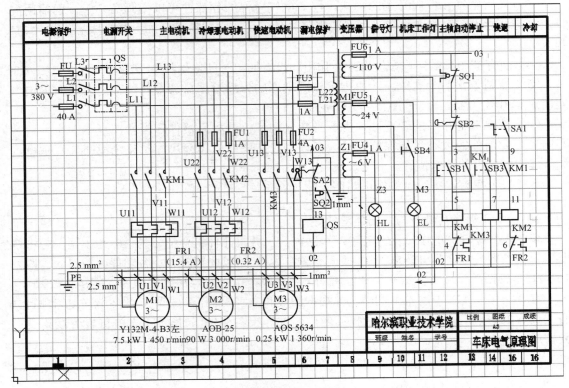

图 2-58 栅格定位技巧提示

知识拓展

2.8 AutoCAD 图块和栅格捕捉

1. 巧用图块

一旦将一个或一组图形创建为块，插入时就是一个整体，所以插入块时选择"分解"选项，就可以还原为原来的图线，而可以任意编辑。

2. 巧用栅格捕捉

布局时打开栅格点的捕捉，可以轻易地绘制基准位置，但要记得画完基准后立即关闭栅格捕捉功能，否则会使鼠标乱跳而找不到自定义的基准点。

2.9 时间继电器和速度继电器

1. 时间继电器

时间继电器是在线圈得电或断电后，触点要经过一定时间延时后才动作或复位，是实现触点延时接通和断开电路的自动控制电器，如图 2-59 所示。时间继电器分为通电延时和断电延时两种，电磁线圈通电后，触点延时通断的为通电延时型；线圈断电后，触点延时通断的为断电延时型。时间继电器电气符号如图 2-60 所示。

图 2-59　时间继电器

图 2-60　时间继电器电气符号

以延时断开瞬时动断触点为例，绘制简图符号，进一步掌握电气符号的绘图技巧：

（1）绘制一条每段为 10 mm 总长为 30 mm 的直线。

（2）取中间线段的中点作一条长度为 5 mm 的水平辅助线。

（3）将辅助线向上、向下各偏移 1 mm，绘制两条水平线。

（4）用圆心、起点、端点方式画弧，圆心用捕捉辅助线中点确定，向上引领鼠标输入端点距离 2.5 mm，向左旋转画弧。

（5）删掉辅助线。

（6）单击"旋转"命令，选择竖直线段的中段为旋转对象，确定其下端点为基点，向右旋转-20°。

（7）用夹点编辑两条水平线到指定位置。

（8）将圆弧线段和偏转的线段选中，将线宽修改为粗实线——送入粗实线图层或直接更改线宽为粗实线。完成后如图 2-60 所示。

图 2-61 中的其他图形符号和文字符号请同学们绘制并存储在自己的电气符号表中备用。

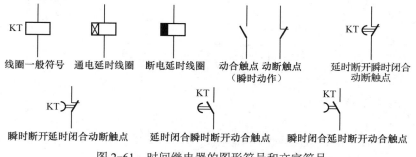

图 2-61　时间继电器的图形符号和文字符号

2. 速度继电器

速度继电器是一种反映转速和转向的继电器，如图 2-62 所示。当转速达到规定之后继电器动作，切断或接通电路。电器常用于三相感应电动机按速度原则控制的反接制动线路中，也称为反接制动继电器。在反接制动控制过程中，采用速度继电器来检测速度的变

化。速度继电器的图形符号及文字符号如图 2-63 所示。

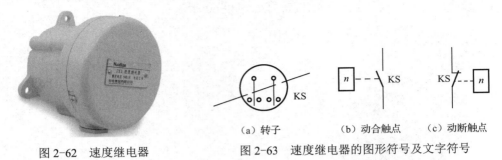

图 2-62　速度继电器

（a）转子　　　　（b）动合触点　　（c）动断触点

图 2-63　速度继电器的图形符号及文字符号

工程训练 2

2.1　电动机单向运行反接制动电路图的绘制与识别

图 2-64 所示为电动机单向运转的反接制动控制线路。反接制动必须在电动机的转速接近零时，及时切断电动机电源，以防电动机反向启动。图中，KM1 为单向旋转接触器，KM2 为反向旋转接触器，KS 为速度继电器，R 为反接制动电阻。

（1）识读图中的电气符号所代表的元器件，写出电路的工作过程。

（2）绘制反接制动的电气原理图。

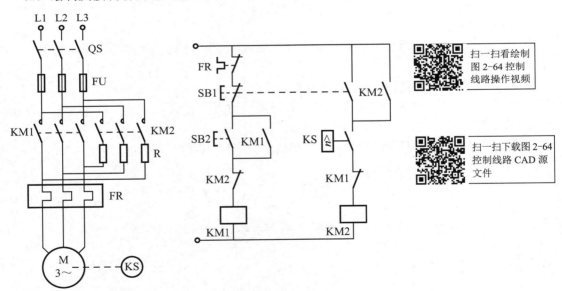

扫一扫看绘制图 2-64 控制线路操作视频

扫一扫下载图 2-64 控制线路 CAD 源文件

图 2-64　电动机单向运转的反接制动控制线路

2.2　三相异步电动机 Y-△降压启动电路图的绘制与识别

电动机直接启动时启动电流大，对容量较大的电动机，会使电网电压严重下跌，不仅使电动机启动困难、缩短寿命，而且影响其他用电设备的正常运行。因此，较大容量的电动机需采用降压启动。图 2-65 所示为三相异步电动机 Y-△降压启动电路图，在启动时，先将电动机的定子绕组接成星形，使电动机每相绕组承受的电压为电源的相电压，是额定

电压的 1/3，启动电流是三角形直接启动的 1/3；当转速上升到接近额定转速时，再将定子绕组的接线方式改接成三角形，电动机就进入全电压正常运行状态。

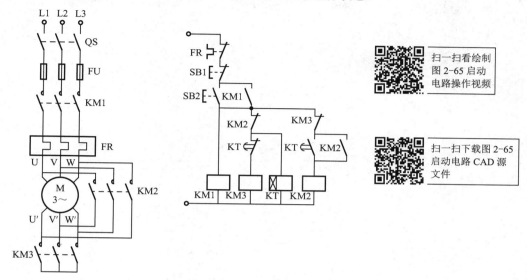

扫一扫看绘制图 2-65 启动电路操作视频

扫一扫下载图 2-65 启动电路 CAD 源文件

图 2-65　三相异步电动机 Y-△降压启动电路图

（1）识读图中的电气符号所代表的元器件，写出电路的工作过程。

（2）绘制三相异步电动机 Y-△降压启动电路图。

项目 **3**

配电设备电气接线图的
绘制与识图

扫一扫看配电设备电气接线
图的绘制与识图岗课赛证融
通教学案例

项目描述

项目名称	配电设备电气接线图的绘制与识图		参考学时	10 学时
项目导入	该项目来源于水泵站动力配电柜和某企业的电控柜，它们都属于二级配电设备。在工作中，电气设备安装工接触最多的就是各种配电柜和电控柜，从柜体的设计、元器件的安装、设备调试运行及后期的维修维护，任何一个环节都需要工作人员熟练操作。而一台设计合理的电气设备能否正常工作起来，最终还是取决于电气元件之间的连线是否正确，因此电气接线图在工作中起着至关重要作用。本项目采用全国职业院校技能大赛"现代电气控制系统安装与调试"赛项的训练方法，引入"智能制造设备安装与调试""1+X"职业技能等级证书的考核标准，实施"岗课赛证融通"教学改革，促进学生设计、绘制和识读电气接线图能力进阶			
项目目标	知识目标	1. 了解二级配电设备的基础知识； 2. 了解电气接线图的特点，掌握电气接线图的布局与规划； 3. 掌握电气接线图的绘制方法和步骤； 4. 掌握缩放与修剪等绘图技能； 5. 进一步掌握 AutoCAD 基本绘图指令		
	能力目标	1. 具备识读电气接线图的能力； 3. 具备信息获取、资料收集整理能力； 5. 具备知识综合运用能力	2. 能够根据实际控制系统绘制出电气接线图； 4. 具备分析问题和解决问题的能力； 6. 具有良好的工艺意识和标准意识	
	素质和 思政目标	1. 培养良好的电工职业道德； 3. 严格遵守企业电工安全规程； 5. 培养精益求精的工匠精神；	2. 严格遵守电气设备安全操作规程； 4. 培养质量意识、安全意识、创新意识； 6. 培养劳动精神	
项目要求	1. 制订项目工作计划和任务分工；　　　　2. 完成绘制电气接线图的设计方案； 3. 利用 AutoCAD 软件完成水泵站动力配电柜电气接线图的绘制； 4. 利用 AutoCAD 软件完成控制柜中断线电气接线图的绘制； 5. 对照设计方案检查设计图纸并修正			
项目实施	1. 构思：项目的分析与 AutoCAD 指令学习，参考学时为 1 学时； 2. 实施：绘制水泵站动力配电柜电气接线图和控制柜中断线电气接线图，参考学时为 8 学时； 3. 检查：对照设计方案修正图纸，参考学时为 1 学时			

项目构思

电气接线图又称电气互连图，用来表明电气设备各单元之间的连接关系。它清楚地表明了电气设备外部元件的相对位置及它们之间的电气连接，是实际安装接线的依据，在具体施工和检修中能够起到电气原理图所起不到的作用，在生产现场得到广泛应用。本项目以水泵站动力配电柜和控制柜两个二级配电设备作为绘图实例（见图 3-1），使学生可以掌握电气原理图的识图和绘图技能。

图 3-1　二级配电设备

项目实施建议教学方法为项目引导法、小组教学法、案例教学法、启发式教学法、实物教学法。

教师首先下发项目工单，布置本项目需要完成的任务及控制要求，介绍本项目的应用情况，进行项目分析，引导学生完成项目所需的知识、能力及软硬件准备，讲解 AutoCAD 的基本绘图指令、电气接线图的制图方法等相关知识。

学生进行小组分工，明确项目工作任务，团队成员讨论项目如何实施，进行任务分解，学习完成项目所需的知识，查找不同电气设备的电气接线图的相关资料，制订项目实施工作计划。本项目工单见表 3-1。

表 3-1　配电设备电气接线图的绘制与识图项目工单

课程名称	AutoCAD 电气工程制图			总学时	76
项目 3	配电设备电气接线图的绘制与识图			项目学时	10
班级		组别	团队负责人	团队成员	
项目描述	通过本项目的实际训练，使学生了解电气接线图的制图规范和设计方法，掌握电气接线图的绘图方法和步骤，进一步掌握 AutoCAD 的基本绘图指令，具备电气接线图制图和识图的能力，并提高学生实践能力、团队合作精神、语言表达能力和职业素养。具体任务如下： 1. 了解二级配电设备工作原理和设计要求，并形成设计方案； 2. 进一步掌握 AutoCAD 绘图基本指令； 3. 按照电气制图国家标准绘制水泵站动力配电柜电气接线图； 4. 按照电气制图国家标准绘制控制柜中断线电气接线图； 5. 按照设计方案检查绘制图纸并修正				
相关资料及资源	AutoCAD 绘图软件及计算机、教材、视频录像、PPT 课件、机械制图国家标准等				
项目成果	1. 水泵站动力配电柜电气接线图图纸； 3. 项目报告；		2. 控制柜中断线电气接线图图纸； 4. 评价表		
注意事项	1. 遵守实训室设备使用规则； 3. 项目结束时，及时清理工作台，关闭计算机		2. 绘图过程严格按照国家标准；		
引导性问题	1. 你已经具备完成绘制二级配电设备电气接线图所需的所有资料了吗？如果没有，还缺少哪些？应通过哪些渠道获得？ 2. 在完成本项目前，你还缺少哪些必要的知识？如何解决？ 3. 你设计的电气接线图符合国家标准吗？ 4. 在进行操作前，你掌握所需要的绘图基本指令了吗？ 5. 在绘图过程中，你采取什么措施来保证绘图质量？符合绘图要求吗？ 6. 在绘图完毕后，你所绘制的图纸和设计方案符合吗？能满足实际使用的要求吗？				

项目分析

二级配电设备等电气设备一般由各类低压电气元件组成，功能不同所使用的低压电气元件的种类和数量都有区别。因此，在掌握电气识图和制图的基础上，还要详细了解电气接线图的绘图标准和规范。

对于元器件较多、电路复杂的某企业控制柜的电气接线图则最好采用中断线的绘图方法，如图 3-2 所示；而对于元器件种类较少、电路较简单的水泵站动力配电柜接线图，可以采用连续线的方法绘制，如图 3-3 所示。采用合理的绘图方法，不仅可以让图纸看起来清晰明了，还可以提高绘图者的工作效率。

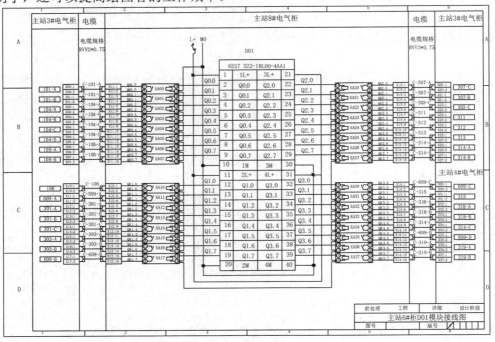

图 3-2　某企业控制柜中断线接线图

知识准备

扫一扫看绘制控制柜中断线接线图操作视频

扫一扫下载控制柜中断线接线图CAD 源文件

3.1　电气接线图的主要内容

电气接线图是用于表示电气装置内部元件、线路之间及其外部其他装置之间的连接关系的一种简图或表格，在安装时为工程技术人员提供接线的依据，运行中为工作人员线路的维护、维修提供端接信息。

电气接线图中各元器件的相对位置、端子的排列顺序、导线的敷设方式和部位等均与实际相符，但其几何尺寸大小、间距则是任意的，故接线图及接线表一般要表示出项目相对位置、项目代号、端子代号、接线号及线缆规格等内容。

配电柜代号	AP1	AP2								AP3			AP4		
配电柜型号	XL52-02	XL52-17（改）								XL52-14（改）			XL52-14（改）		
回路编号		WP1	WP2	WP3	WP4	WP5	WP6	WP13	WP14	WP7	WP8	WP9	WP10	WP11	WP12
负荷名称		自动给水装置	制冷机	给水泵	减温器	冷却塔	冷却塔	电子除垢器	备用	水泵	水泵	水泵	水泵	水泵	水泵
功率/kW	102.5	11×2	5.75	1.5	3.0	5.5	5.5	0.75	0.75	22.0	22.0	22.0	18.5	18.5	18.5
计算电流/A	196.6	42.8	13.8	3.0	6.2	11.8	11.8	5.2	102.5	42.8	42.8	42.8	42.8	36.5	36.5
熔断器式断路器	QSA-250	QSA-250								QSA-250			QSA-250		
低压断路器	3VL250-200A	5SPD 80/3P	5S×D 25/3P	5S×D 16/3P	5S×D 16/3P	5S×D 16/3P	5S×D 16/3P		5SPD 80/3P	5SPD63/3P	5SPD63/3P	5SPD63/3P	5SPD50/3P	5SPD50/3P	5SPD50/3P
交流接触器						3×(B25)	3×(B25)			3×(B65)	3×(B65)	3×(B65)	3×(B45)	3×(B45)	3×(B65)
热继电器										JR16-60(50)	JR16-60(50)	JR16-60(50)	JR16-60(40)	JR16-60(40)	JR16-60(40)
电流互感器	LMZ36-600/500														
导线（电缆）	VV22-3×150-2×95	VV-3×35+2×25	VV-5×6	VV-5×4	VV-5×4	VV-4×6	VV-4×6	BV-3×2.5		VV-3×35+1×16	VV-3×35+1×16	VV-3×35+1×16	VV-4×16	VV-4×16	VV-4×16
备注	进线(700×1800×500)	出线(700×1800×500)				去屋顶		(直接供电)		两备一用出线(800×1800×900)			两备一用出线(800×1800×900)		
配电箱用电负荷	Y	AL3	AL2	AL4	AL1				(接连线)	消防泵			生活水泵		

工程 电气 部分

×××动力配电柜电气接线图

图号

批准		校核	
审定		设计制图	
审核		CAD制图	
日期	2004.05.	比例	

图 3-3 水泵站动力配电柜电气接线图

1. 项目的表示

接线图中的部件或设备等项目一般采用简化外形，如矩形、正方形等来表示；项目的类型、参数等标注在附近；接线图中的元器件，如电阻、变压器等采用图形符号来表示，其对应的文字符号和参数标注在附近，如图 3-2 所示。

2. 端子的表示

接线图中的端子一般用图形符号表示，并在其旁标注端子代号（1、2、3……或 A、B、C……），不可拆卸的端子符号用"○"表示，可拆卸端子符号为"Φ"表示，如图 3-4（a）所示；一般元器件不画端子符号，可标注端子号，如图 3-4（b）所示；端子排采用一般符号，仅标注端子号，如图 3-4（c）所示。

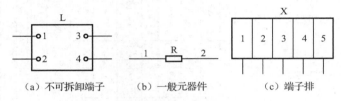

图 3-4　端子的表示

3. 导线的表示

导线的表示有连续线和中断线两种表示方法。用连续线来表示端子之间的实际连接导线，相连接的两端采用相同标记来标注，如图 3-5（a）所示；中断线用来表示端子之间的实际连接导线，在中断处需标明导线去向，如图 3-5（b）所示。还可用加粗的实线来表示导线组、电缆线束等，多组线束通过符号区分，如图 3-5（c）所示。

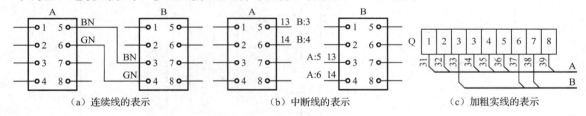

图 3-5　导线的表示

3.2　配电系统的功能与绘图原则

电力系统的电气接线图主要用于显示该系统中发电机、变压器、母线、断路器、电力线路等主要电机、电气、线路之间的电气接线关系。在绘制电力系统电气主接线图时，通常将三相电路图描绘成单线图，将互感器、避雷针、电容器、中性点设备及载波通信用的通道加工元件等表示出来。

配电系统的功能是接收和分配电能，其主接线包括电源进线、母线和出线三大部分。电源进线分为单进线（适用于三级负荷）和双进线（适用于一、二级负荷），是接收电能的部分；母线也称为汇流排，一般由铝排或铜排构成，分为单母线（对应于单进线）、单母线分段式和双母线（均对应于双进线）；出线则通过开关柜和输电线路进行电能分配。

变电站的功能是变换电压和分配电能，变电站的电气主接线图称为一次接线图或电气主系统图，由电源进线、电力变压器、母线和出线四部分组成。电源进线负责接收电能，主变压器起到电压等级变换的作用，母线是汇集、分配和传送电能的介质，出线的作用是将电能分配到各个干线。

配电柜是集成用于电能分配的电气元件的设备，通过电气接线对用电设备进行配电和控制，并在电路过载、短路和漏电时提供断电保护。在供电系统中，配电设备通常有三个级别：一级配电设备称为动力配电中心，集中安装在某区域变电站内，把电能分配给不同地点的下级配电设备；二级配电设备是动力配电柜和电动机控制中心的统称，负责把上一级配电设备电能分配给就近的负荷，并对负荷提供保护、监视和控制，其中动力配电柜应用在回路少、负荷分散的部位，而电动机控制中心应用于回路多、负荷集中的部位；末级配电设备总称为照明动力配电箱，一般远离供电中心，布置分散且容量小，负责控制最低级的负荷配电。

3.3 AutoCAD 绘制表格指令

电气图的绘制中，在元器件较多，线路比较繁杂，不便于就近标识，或者标识内容较多时，经常采用添加单独列表的形式来给出设备或元器件的名称、型号或运行及工作状态与条件等信息。

如果这类表格规范，符合 AutoCAD 系统提供的表格形式，就可以通过"表格"命令直接添加；如果表格不是十分规则，则可通过本节采用的项目方法进行添加。

1. 添加表格

添加表格的方法有三种，如图 3-6 所示，分别为：

（1）单击"绘图"工具栏中的"表格"按钮 ⊞ 。

（2）选择"绘图"菜单中的"表格"命令。

（3）在命令行中输入 TABLE 命令。

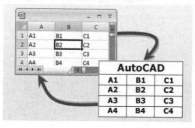

图 3-6　插入表格方法

2. 表格的设置

打开"插入表格"对话框，可以进行表格参数的设置，如图 3-7 所示。

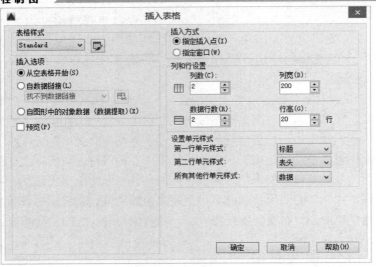

图 3-7 "插入表格"对话框

如果需要对表格进行进一步的设置，单击"格式"菜单中的"表格样式"命令，或单击"表格样式"图标，打开"表格样式"对话框，如图 3-8 所示。

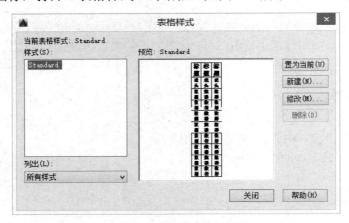

图 3-8 "表格样式"对话框

在"表格样式"对话框中，如果以前建立过表格样式，则在左侧的"样式"列表框中就会显示出所有样式，单击鼠标左键可以选择某个样式。然后，单击"置为当前"按钮，就可以插入所选表格样式。

在图 3-8 中，如单击"新建"按钮，则出现图 3-9 所示的"创建新的表格样式"对

图 3-9 "创建新的表格样式"对话框

话框。在该对话框内，可以输入新样式名称，并且选择"基础样式"。

单击"继续"按钮，进入"新建表格样式"对话框，可对表格的常规样式、文字样式、边框样式进行设置，如图 3-10 所示。

图 3-10 "新建表格样式"对话框

如在图 3-8 所示"表格样式"对话框中单击"修改"按钮，则进入"修改表格样式"对话框，该对话框内容与图 3-10"新建表格样式"对话框一样。

项目实施

扫一扫看课程思政案例：大国工匠——李万坤

3.4 绘制水泵站动力配电柜电气接线图

电气接线图主要提供电气系统的线路走向、能量流向、设备连接、设备/元器件型号、线路功能等系统信息，布局讲究均匀和对称，重复图块比较多，因此该类图纸的绘制过程中使用最多的是复制、偏移、缩放等工具，并结合对象追踪、正交模式来保证线路的对称和均匀。

图 3-3 所示是水泵站动力配电柜电气接线图，它属于二级配电设备。主进线为三相低压动力线，在进线配电柜 AP1 中；出线共有 13 回，配电柜 AP2 中有 7 回，分别为自动给水装置、制冷机、给水泵、减温器、冷却塔、电子除垢器；配电柜 AP3 中有 3 回消防用水泵，包括一个备用回路；AP4 配电柜中有 3 回生活用水泵，包括一路备用；接线图下部是与各回路对应的设备说明表格，共 13 项。

1. 建立图层

创建粗实线层、接线图层、注释文字层和表格层。

在相应的图层绘制电路原理图，注释文字层用来放置元器件、线路等说明文字，表格层用来绘制表格，粗实线线宽设置为 0.3 mm，其他线宽可以采用系统默认设置，如图 3-11 所示。

2. 绘制 A3 图幅并完成图纸布局

根据图形大小，确定一个基础比例尺寸，如假定两线间距为 5 mm，以此长度为基准比例单位，则可大体推算出所有间距的大致宽度和线段的长度。选择标准图纸并按国家标准绘制图框（装订边、边界）。本例可选择 A3 图纸并参照项目 1 中图 1-3 绘制好图框和标题栏。

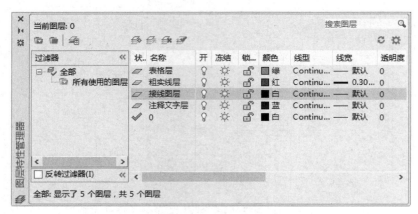

图 3-11 图层的设置

（1）绘制 A3 图幅：单击"绘图"工具栏中的 □ 按钮，根据命令窗口提示进行操作。

```
命令：rec
RECTANG
指定第一个角点或 [倒角(C)/标高(E)/圆角(F)/厚度(T)/宽度(W)]：
//在屏幕上任选一点
指定另一个角点或 [面积(A)/尺寸(D)/旋转(R)]：@420，-297
//输入相对坐标@420，-297
绘制图幅内边框
命令：rec
RECTANG
指定第一个角点或 [倒角(C)/标高(E)/圆角(F)/厚度(T)/宽度(W)]：from
//使用捕捉自命令from
基点：
//选择矩形左上角
<偏移>：@25，-5
//输入相对位移，初学者千万别忘了输入@
指定另一个角点或 [面积(A)/尺寸(D)/旋转(R)]：from
//指定对角点的时候也可以使用from捕捉自命令
基点：
//选择右下角作为基点
 <偏移>：@-5，5
//输入相对位移@-5，5
```

（2）根据图形结构，把图纸确定分成四个分区，分区长度分别为 60 mm、140 mm、90 mm、100 mm，如图 3-12 所示。

3．绘制元器件图块

根据图形需要，绘制元器件，并存储为块，如图 3-13 所示。

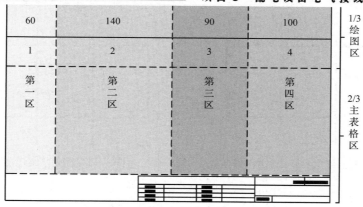

图 3-12　图纸与分区

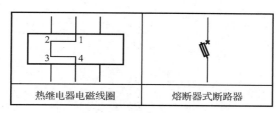

图 3-13　图块

1）绘制热继电器电磁线圈

首先绘制一个矩形，单击□按钮，根据命令窗口提示进行操作。

```
指定第一个角点或 [倒角(C)/标高(E)/圆角(F)/厚度(T)/宽度(W)]:
//选择任意一点作为矩形的起点
指定另一个角点或 [面积(A)/尺寸(D)/旋转(R)]: @120,-40
//输入相对坐标@120,-40 找到矩形的对角点
右击对象捕捉，单击中点，选择中点捕捉。
从矩形中点追踪，绘制一条直线。
利用"偏移"命令向左、向右偏移 30 mm，得到距中线左、右各 30 mm 的两条直线。
在"修改"工具栏中选择"偏移"按钮👆，命令窗口提示：
当前设置：删除源=否 图层=源 OFFSETGAPTYPE=0
指定偏移距离或 [通过(T)/删除(E)/图层(L)] <通过>: 30
//输入偏移距离 30
选择要偏移的对象，或 [退出(E)/放弃(U)] <退出>:
//选择通过矩形中点的直线
指定要偏移的那一侧上的点，或 [退出(E)/多个(M)/放弃(U)] <退出>:
//单击直线左侧，即得到中线左侧直线
选择要偏移的对象，或 [退出(E)/放弃(U)] <退出>:
//选择通过矩形中点的直线
指定要偏移的那一侧上的点，或 [退出(E)/多个(M)/放弃(U)] <退出>:
//单击直线右侧，即得到中线右侧直线，如图 3-14 所示
```

　　按 F11 键，打开对象追踪，从矩形上端中点向下追踪 10 mm 的位置向左画直线，与左侧直线相交，如图 3-15 所示。

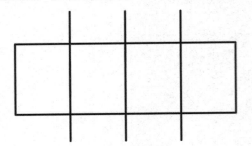

图 3-14　绘制热继电器图块步骤一

图 3-15　绘制热继电器图块步骤二

把得到的直线向下偏移 20 mm，如图 3-16 所示。

使用"修剪"命令 进行修剪，根据命令窗口提示进行操作。

```
命令：TR
TRIM
当前设置：投影=UCS，边=无
选择剪切边...
//选择矩形和两条水平直线作为修剪界线
选择对象或 <全部选择>：找到 1 个
选择对象：找到 1 个，总计 2 个
选择对象：找到 1 个，总计 3 个
```

具体操作如图 3-17 所示。

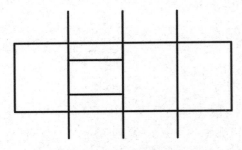

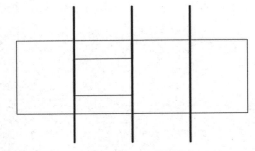

图 3-16　绘制热继电器图块步骤三

图 3-17　绘制热继电器图块步骤四

选择要剪掉的部分，如图 3-18 所示。

使用"多行文字"命令 **A** 添加文字，如图 3-19 所示。

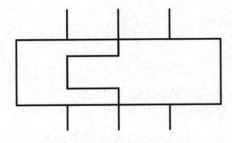

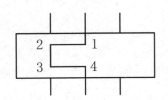

图 3-18　绘制热继电器图块步骤五

图 3-19　绘制热继电器图块步骤六

2）绘制熔断器

绘制竖直直线和交叉直线，绘制矩形，并绘制矩形中线，利用"旋转"命令 将矩形和中线向逆时针方向旋转30°，根据命令窗口提示进行操作。

```
命令：RO
ROTATE
UCS 当前的正角方向：ANGDIR=逆时针 ANGBASE=0
选择对象：指定对角点：找到 2 个
//选择矩形和中线
选择对象：
指定基点：
指定旋转角度，或 [复制(C)/参照(R)] <0>：30
//输入旋转角度30°，如图3-20所示
```

绘制下部分直线，绘制完成如图3-21所示。

图3-20 绘制熔断器图块步骤一

图3-21 绘制熔断器图块步骤二

3）创建块

单击"绘图"工具栏中的"创建块"按钮 ，则出现"块定义"对话框，如图3-22所示。

在"名称"框中输入名称"熔断器式断路器"；基点选择"拾取点"，即可自主在屏幕上选择基点，如图3-23所示；对象选择"选择对象"，如图3-24所示；单击"确定"按钮确认。用同样的方法创建热继电器电磁线圈块。

图3-22 "块定义"对话框

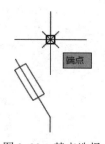

图3-23 基点选择

4. 绘制表格

把图层切换到"表格层"，依据图 3-25、图 3-26 中的尺寸绘制得到表格横向和纵向线。

扫一扫下载绘制表格横向线CAD 源文件

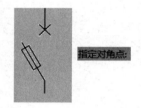

图 3-24　选择指定对角点

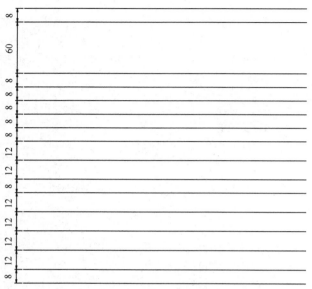

图 3-25　绘制表格横向线

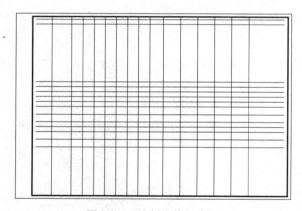

图 3-26　绘制表格纵向线

5. 接线

1）第一区图线绘制

关闭"表格层"和"分区层"，绘制一条横向直线，通过"偏移"命令得到三条平行直线，同样绘制三条纵向直线，相交部分通过"修剪"命令整理，如图 3-27 所示。

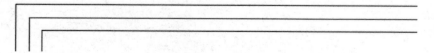

图 3-27　第一区图线绘制

（1）插入熔断器块。在"插入"菜单中选择"块"命令，打开如图 3-28 所示的"插入"对话框。

在"名称"栏中输入"熔断器"，在"插入点"处选择"在屏幕上指定"，比例按照 $1:1:1$ 确定，熔断器块如图 3-29 所示。

图 3-28 "插入"对话框

图 3-29 熔断器块

插入块后，先把块放在图形的其他位置上，对其进行适当的缩放，再移动到接线处。

通过"复制"命令进行复制，在电路中插入熔断器块，如图 3-30 所示。

（2）绘制电流互感器。在图形空白处单击⊙按钮，绘制一个圆，从圆心向上追踪，绘制过圆心的垂直直线，如图 3-31 所示。

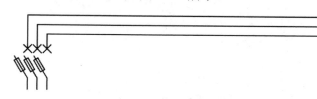

图 3-30 在电路中插入熔断器块

图 3-31 圆心追踪

然后在圆心处向右追踪，绘制圆外水平直线，再绘制一条与水平线垂直的直线，单击"修改"工具栏中的"旋转"按钮↻，根据命令窗口提示进行操作。

```
命令：RO
ROTATE
UCS 当前的正角方向：ANGDIR=逆时针  ANGBASE=0
选择对象：指定对角点：找到 1 个              //选择要旋转的直线
指定基点：                                  //基点选择在两条直线相交处
指定旋转角度，或 [复制(C)/参照(R)] <0>：-30   //直线向右旋转，所以以输入负值
```

复制旋转后的直线，得到另一条直线，电流互感器绘制完毕，如图 3-32 所示。

（3）画线路延长线，插入断路器。

绘制直线作为线路延长线，绘制正方形作为交叉线的辅助工具，能够迅速地绘制出交叉线，并完成断路器的绘制。

通过"修改"工具栏中的"缩放"按钮▢，把绘制好的电流互感器和断路器按照一

定比例进行缩放，移动到接线图上并复制三个，完成第一区的绘制工作，第一区绘制图如图 3-33 所示。

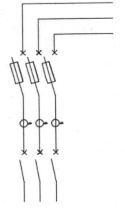

扫一扫看第一区绘制图操作视频

图 3-32　电流互感器

图 3-33　第一区绘制图

2）第二区图线绘制

为了查看各分区位置，单击图层特性管理器，把分区层打开，看到分区线，如图 3-34 所示。

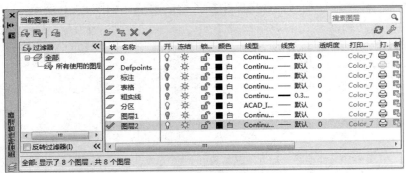

图 3-34　图层特性管理器

（1）复制熔断式断路器和电流互感器。根据分区线位置，从第一区中把熔断器和电流互感器复制到第二区中间位置。

单击"修改"工具栏中的"复制"按钮，根据命令窗口提示进行操作。

```
命令：CO
COPY
选择对象：指定对角点：找到 6 个              //选择要复制的对象
选择对象：指定对角点：找到 21 个，总计 27 个
选择对象：
当前设置：　复制模式 = 多个
指定基点或 [位移(D)/模式(O)] <位移>：      //选择图中左上边点为基点，如图 3-35 所示
指定第二个点或 [阵列(A)] <使用第一个点作为位移>：
指定第二个点或 [阵列(A)/退出(E)/放弃(U)] <退出>：         //选择最终要复制的位
置，如图 3-36 所示
```

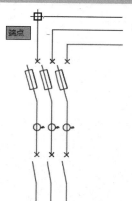

图 3-35 选择复制熔断器块的基点

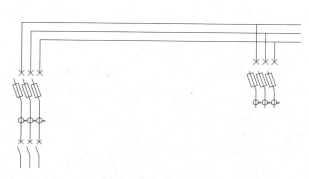

图 3-36 复制熔断式断路器和电流互感器

（2）复制断路器。单击图层特性管理器，打开表格层，根据表格位置，找到相应绘图距离，绘制出电路线，输入"复制"命令快捷键 CO，把熔断器由第一区复制到接触点主控图块，如图 3-37 所示。

根据命令窗口提示进行操作。

```
命令：co                                    //复制快捷键
COPY
选择对象：指定对角点：找到 15 个
选择对象：                                   // 选择要复制的对象
当前设置：  复制模式 = 多个                   //复制模式为多个，可连续复制
指定基点或 [位移(D)/模式(O)] <位移>：          //基点位置为所选对象的左上角
指定第二个点或 [阵列(A)] <使用第一个点作为位移>： //单击所要到达位置
指定第二个点或 [阵列(A)/退出(E)/放弃(U)] <退出>： //单击所要到达位置
指定第二个点或 [阵列(A)/退出(E)/放弃(U)] <退出>： //单击所要到达位置
指定第二个点或 [阵列(A)/退出(E)/放弃(U)] <退出>： //单击所要到达位置
指定第二个点或 [阵列(A)/退出(E)/放弃(U)] <退出>： //单击所要到达位置
指定第二个点或 [阵列(A)/退出(E)/放弃(U)] <退出>：*取消*
//按 Esc 键、回车键或鼠标右键确定都可以结束任务
```

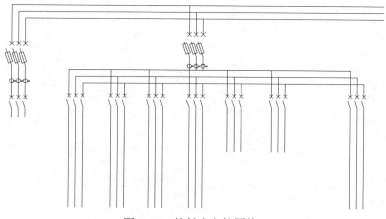

图 3-37 接触点主控图块

（3）绘制三相异步电动机模块。单击"绘图"工具栏中的"插入块" 按钮，或选择"插入"菜单中的"插入块"命令，插入热继电器电磁线圈，在热继电器电磁线圈上绘制延长线。

根据命令窗口提示进行操作。

单击"修改"工具栏中的"复制"按钮：

```
COPY
选择对象：找到 1 个
选择对象：
当前设置：复制模式 = 多个
指定基点或 [位移(D)/模式(O)] <位移>：
指定第二个点或 [阵列(A)] <使用第一个点作为位移>：
指定第二个点或 [阵列(A)/退出(E)/放弃(U)] <退出>：*取消*
//通过"复制"命令把斜线复制过来
命令：<对象捕捉追踪 开>                         // 按 F11 键打开对象追踪
```

单击"绘图"工具栏中的"直线"按钮：

```
命令：_line
指定第一个点：
指定下一点或 [放弃(U)]：
指定下一点或 [放弃(U)]：*取消*
//利用对象追踪绘制出直线
```

单击"绘图"工具栏中的"圆"按钮：

```
命令：_circle
指定圆的圆心或 [三点(3P)/两点(2P)/切点、切点、半径(T)]：2P
//输入 2P，通过过直径的两点绘制圆
指定圆直径的第一个端点：
// 指定通过直径的一个点
指定圆直径的第二个端点：
// 指定通过直径的另外一个点
```

单击"修改"工具栏中的"修剪"按钮：

```
命令：tr
TRIM
当前设置：投影=UCS，边=无
选择剪切边...
选择对象或 <全部选择>：找到 1 个
选择对象：
选择要修剪的对象，或按住 Shift 键选择要延伸的对象，或[栏选(F)/窗交(C)/投影(P)/边
(E)/删除(R)/放弃(U)]：
选择要修剪的对象，或按住 Shift 键选择要延伸的对象，或[栏选(F)/窗交(C)/投影(P)/边
(E)/删除(R)/放弃(U)]：*取消*
//把多余的半个圆修剪掉
```

单击"修改"工具栏中的"复制"按钮：

```
COPY
选择对象：指定对角点：找到 4 个
选择对象：
当前设置：复制模式 = 多个
指定基点或 [位移(D)/模式(O)] <位移>：
指定第二个点或 [阵列(A)] <使用第一个点作为位移>：
指定第二个点或 [阵列(A)/退出(E)/放弃(U)] <退出>：
指定第二个点或 [阵列(A)/退出(E)/放弃(U)] <退出>：
// 通过"复制"命令复制到热继电器电磁线圈上
```

单击"绘图"工具栏中的"圆"按钮：

```
CIRCLE
指定圆的圆心或 [三点(3P)/两点(2P)/切点、切点、半径(T)]：
指定圆的半径或 [直径(D)]：
//输入圆的快捷键 C，绘制圆
```

在"绘图"菜单栏中选择"文字"下级子菜单"单行文字"：

```
命令：DT
TEXT
当前文字样式："Standard" 文字高度：3.2219 注释性：否
指定文字的起点或 [对正(J)/样式(S)]：
指定高度 <3.2219>：
指定文字的旋转角度 <0>：
```

在圆内添加文字 M，通过直线与热继电器电磁线圈相连完成三相异步电动机模块的绘制，如图 3-38 所示。

（4）缩放并移动到接线图上。通过"修改"工具栏中的"缩放"按钮，把三相异步电动机模块调整到合适的大小，移动到接线图上。第二区绘制完毕，第二区绘制图如图 3-39 所示。

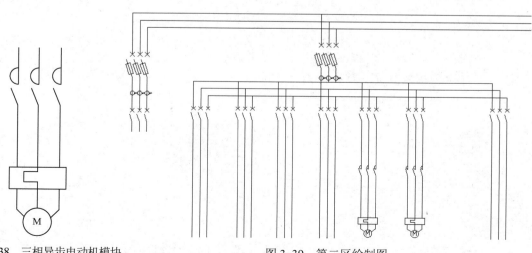

图 3-38 三相异步电动机模块　　　　图 3-39 第二区绘制图

3）第三区图线绘制

（1）绘制元件。首先通过"复制"命令，把如图 3-40 所示的部件从第二区复制过来。

（2）绘制其他部分。根据命令窗口提示进行操作。

单击"绘图"工具栏中的"直线"按钮：

```
命令: _line
指定第一个点:
指定下一点或 [放弃(U)]:
指定下一点或 [放弃(U)]: *取消*
//绘制直线
```

单击"绘图"工具栏中的"圆"按钮：

```
命令: _circle
指定圆的圆心或 [三点(3P)/两点(2P)/切点、切点、半径(T)]:
指定圆的半径或 [直径(D)] <1.1327>:
//绘制一个小圆
```

单击"修改"工具栏中的"复制"按钮：

```
COPY
选择对象: 找到 1 个
选择对象:
当前设置:  复制模式 = 多个
指定基点或 [位移(D)/模式(O)] <位移>:
指定第二个点或 [阵列(A)] <使用第一个点作为位移>:
指定第二个点或 [阵列(A)/退出(E)/放弃(U)] <退出>: *取消*
//复制得到另外一个圆
```

单击"修改"工具栏中的"移动"按钮：

```
MOVE
选择对象: 指定对角点: 找到 2 个
选择对象:
指定基点或 [位移(D)] <位移>:
指定第二个点或 <使用第一个点作为位移>:
//把两个小圆移到合适位置
```

单击"修改"工具栏中的"修剪"按钮：

```
TRIM
当前设置: 投影=UCS, 边=无
选择剪切边...
选择对象或 <全部选择>:  找到 1 个
选择对象:
选择要修剪的对象, 或按住 Shift 键选择要延伸的对象, 或[栏选(F)/窗交(C)/投影(P)/边
(E)/删除(R)/放弃(U)]:
选择要修剪的对象, 或按住 Shift 键选择要延伸的对象, 或[栏选(F)/窗交(C)/投影(P)/边
```

(E)/删除(R)/放弃(U)]:

　　　　//把多余的两个半圆修剪掉

单击"修改"工具栏中的"旋转"按钮 :

```
命令：ro
ROTATE
UCS 当前的正角方向： ANGDIR=逆时针  ANGBASE=0
选择对象：指定对角点：找到 3 个
选择对象：
指定基点：
指定旋转角度，或 [复制(C)/参照(R)] <0>： 30
```

由于对象逆时针旋转，所以角度为正。

调整比例后移动到接线图中，元件图块如图 3-41 所示。

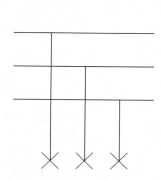

图 3-40　从第二区复制的部件

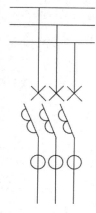

图 3-41　元件图块

绘制其他电路，从第二区复制三相异步电动机模块，并且绘制电感图块。

电感图块中滑动变阻器的绘制方法如下。

首选绘制一个圆，经过修剪整理，留下需要的半个圆。

单击"修改"工具栏中的"陈列"按钮 ，根据命令窗口提示进行操作。

```
ARRAY
选择对象：找到 1 个
//选择要阵列的半圆
选择对象：
输入阵列类型 [矩形(R)/路径(PA)/极轴(PO)] <矩形>： R
// 选择矩形阵列，则输入 R
类型 = 矩形  关联 = 是
选择夹点以编辑阵列或 [关联(AS)/基点(B)/计数(COU)/间距(S)/列数(COL)/行(R)/层
数(L)/退出(X)] <退出>： R
// 需要设计行数，则输入选项 R
输入行数或 [表达式(E)] <3>： 4
```

// 输入行数 4

指定行数之间的距离或 [总计(T)/表达式(E)] <127.2256>:

//选择半圆下端点

指定第二点:

// 选择半圆上端点

指定行数之间的标高增量或 [表达式(E)] <0>: *取消*

//按 Esc 键返回上级选项

选择夹点以编辑阵列或 [关联(AS)/基点(B)/计数(COU)/间距(S)/列数(COL)/行数(R)/层数(L)/退出(X)] <退出>: COL

//需要设置列,则输入 COL

输入列数或 [表达式(E)] <4>: 1

//输入列数 1

指定列数之间的距离或 [总计(T)/表达式(E)] <127.2256>:

//因为只有 1 列,列间距输入 0

选择夹点以编辑阵列或 [关联(AS)/基点(B)/计数(COU)/间距(S)/列数(COL)/行数(R)/层数(L)/退出(X)] <退出>: *取消*

//按 Esc 键结束任务

通过"直线"命令绘制电感图块其他部分,完成第三区绘制,第三区绘制图如图 3-42 所示。

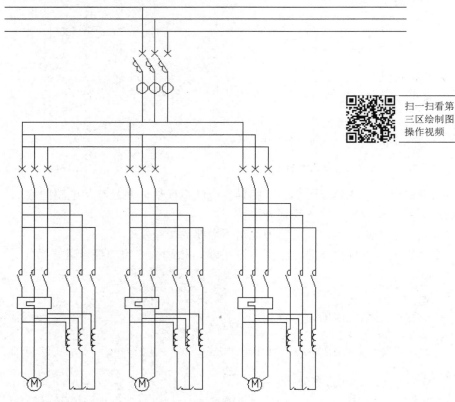

扫一扫看第
三区绘制图
操作视频

图 3-42   第三区绘制图

4)第四区图线绘制

由于第四区与第三区相同,只需把第三区内容复制到第四区即可,第四区绘制图如

图 3-43 所示。

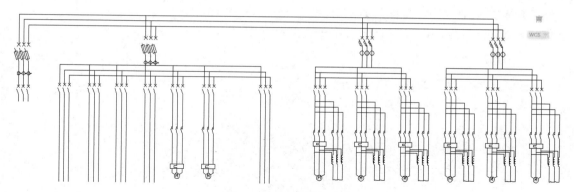

图 3-43　第四区绘制图

5）插入说明文字

扫一扫看第四区绘制图操作视频

切换当前层为"文字层"，并锁定其他图层，以防止误操作。
调用"多行文字"命令，选择字体为"仿宋"，高度为 2.5。
根据设计内容和设备要求，填写说明文字和数据，绘制完成后如图 3-3 所示。

3.5　绘制控制柜中断线接线图

扫一扫下载动力配电柜电气接线图 CAD 源文件

某企业控制柜中断线接线图如图 3-2 所示。

1．建立图层

创建粗实线层、绘图层、文字层、表格层和分区层。

在对应的图层中绘制电路原理图，文字层用来放置元器件、线路等说明文字，表格层用来绘制表格，粗实线线宽设置为 0.3 mm，其他线宽可以采用系统默认设置，如图 3-44 所示。

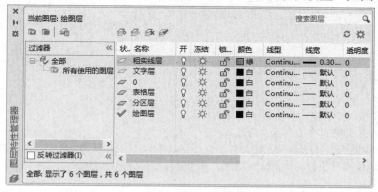

图 3-44　图层设置

2．绘制 A3 图幅并完成图纸布局

（1）根据图形大小，确定一个基础比例尺寸，如假定两线间距为 5 mm，以此长度为基准比例单位，则可大体推算出所有间距的大致宽度和线段的长度。选择标准图纸并按国家标准绘制图框（装订边、边界）。本例可选择 A3 图纸并参照项目 1 中图 1-3 绘制好图框和

标题栏。

（2）根据图形结构，把图纸确定分成五个分区，分区长度
分别为 47.5 mm、20 mm、255 mm、20 mm、47.5 mm。

3. 创建块

创建继电器图块，如图 3-45 所示。

图 3-45　继电器图块

单击"绘图"工具栏中的"矩形"按钮 ⬜：

```
命令: _rectang
指定第一个角点或 [倒角(C)/标高(E)/圆角(F)/厚度(T)/宽度(W)]:
指定另一个角点或 [面积(A)/尺寸(D)/旋转(R)]: @30, -10
//绘制一个长 30 mm、宽 10 mm 的矩形
```

单击"绘图"工具栏中的"圆"按钮 ⊙：

```
命令: _circle
指定圆的圆心或 [三点(3P)/两点(2P)/切点、切点、半径(T)]:
指定圆的半径或 [直径(D)]:
//在矩形四分之一处绘制一个小圆
```

单击"修改"工具栏中的"镜像"按钮 ⚟：

```
MIRROR
选择对象: 找到 1 个
//选择圆
选择对象:
指定镜像线的第一点: 指定镜像线的第二点:
//选择水平中线作为镜像线
要删除源对象吗? [是(Y)/否(N)] <N>:
//默认选项为否，直接回车即可
再一次使用"镜像"命令，直接回车，可重复上一次命令
命令:
MIRROR
选择对象: 指定对角点: 找到 2 个
//选择左侧两个圆
选择对象:
指定镜像线的第一点: 指定镜像线的第二点:
//选择矩形的垂直中心作为镜像线
要删除源对象吗? [是(Y)/否(N)] <N>:            //直接回车表示执行默认操作<N>
//用直线绘制开关和其他部分(注意: 开关等粗线部分把图层切换到粗实线层)
```

单击"绘图"工具栏中的"创建块"按钮 ⬚，打开"块定义"对话框，如图 3-46 所示。

输入块名称"继电器"；基点选择"拾取点"并在屏幕上选择基点；对象选择"选择对
象"，并在屏幕上选择，然后单击"确定"按钮，块创建完毕。

4. 绘制表格

根据要求绘制出表格，由于表格比较简单，可以直接使用"直线"命令绘制。

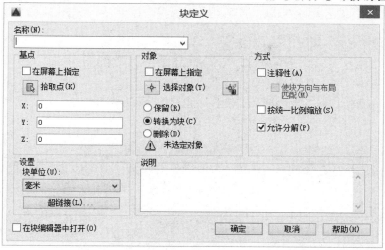

图 3-46　"块定义"对话框

切换当前层为"文字层"，在"格式"菜单中选择"文字样式"，打开"文字样式"对话框，选择字体为"宋体"，高度为 5，如图 3-47 所示。

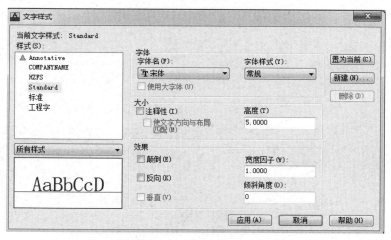

图 3-47　"文字样式"对话框

调用"绘图"工具栏中的"多行文字"命令 **A**，选择加粗，根据设计内容和设备要求，填写说明文字。

5. 绘制图形

由于本图除接线部分以外基本属于对称图形，所以只需绘制出左半幅，右半幅通过镜像即可得到。

1）第一区图线绘制

把当前图层切换为绘图层。

根据图纸需要，在距内边框向右偏移量为 10 mm、向下偏移量为 55 mm 左右的位置绘制一个长 20 mm、宽 5 mm 的矩形。

在任意工具栏中单击鼠标右键，打开"对象捕捉"工具栏，如图 3-48 所示。

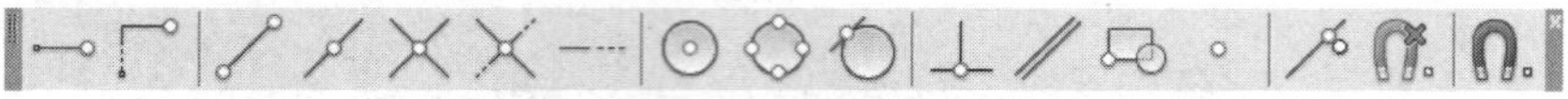

图 3-48 "对象捕捉"工具栏

（1）绘制第一列。单击"绘图"工具栏中的"矩形"按钮 □，根据命令窗口提示进行操作。

```
命令：_rectang
指定第一个角点或 [倒角(C)/标高(E)/圆角(F)/厚度(T)/宽度(W)]：_from
//在"对象捕捉"工具栏中找到"捕捉自"按钮，快捷键为 from
基点：
//选择 A3 图幅内边框左上角
<偏移>：@10，-55
// 输入矩形距左上角的相对位移 10，-55
指定另一个角点或 [面积(A)/尺寸(D)/旋转(R)]：@20，-5
//输入矩形另一个对角点
```

连续绘制相同的另外七个矩形，可以用"复制"命令，但是"阵列"命令更为简单。单击"修改"工具栏中的"阵列"按钮 品，根据命令窗口提示进行操作。

```
命令：_arrayrect
选择对象：找到 1 个
//选择要阵列的矩形
选择对象：
类型 = 矩形  关联 = 是
选择夹点以编辑阵列或 [关联(AS)/基点(B)/计数(COU)/间距(S)/列数(COL)/行数(R)/层
数(L)/退出(X)] <退出>：r
//选择行数选项，则输入 r
输入行数或 [表达式(E)] <3>：8
//输入行数 8
指定行数之间的距离或 [总计(T)/表达式(E)] <7.5>：-10
//输入行间距，由于向下阵列所以为负值
指定行数之间的标高增量或 [表达式(E)] <0>：*取消*
//按 Esc 键返回上一层选项
选择夹点以编辑阵列或 [关联(AS)/基点(B)/计数(COU)/间距(S)/列数(COL)/行数(R)/层
数(L)/退出(X)] <退出>：col
//选择列数选项，则输入 col
输入列数或 [表达式(E)] <4>：1
//输入列数 1
指定列数之间的距离或 [总计(T)/表达式(E)] <30>：*取消*
选择夹点以编辑阵列或 [关联(AS)/基点(B)/计数(COU)/间距(S)/列数(COL)/行数(R)/层
数(L)/退出(X)] <退出>：
```

（2）绘制第二列。在 101-A 向上和向右偏移 2.5 mm 的位移上，通过"直线"命令绘制矩形（注意：此处一定要用"直线"命令绘制）。

根据命令窗口提示进行操作。

```
命令：l
//在命令窗口输入"直线"命令快捷键 L
LINE
指定第一个点：from
//在"对象捕捉"工具栏中选择"捕捉自"
基点：
//基点为矩形 101-A 右上角
<偏移>：@2.5,2.5
//输入相对位移 2.5 mm、2.5 mm，确定第一个点位置
指定下一点或 [放弃(U)]：15
//通过对象追踪，在相应方向上输入长度 15 mm 即可
指定下一点或 [放弃(U)]：5
//在相应方向上输入长度 5 mm
指定下一点或 [闭合(C)/放弃(U)]：C
// 闭合
```

通过阵列完成其他矩形框（注意：选择对象时，要选择矩形的左、右和下三条边，否则阵列后会出现重复线条，这也是前边绘制矩形时必须用"直线"命令的原因）。

（3）镜像完成下半部分。由于第一区上下两部分内容相同，可以通过"镜像"命令来完成。

单击"修改"工具栏中的"镜像"按钮 ⚫，根据命令窗口提示进行操作。

```
MIRROR
选择对象：指定对角点：找到 24 个
//选择要镜像图形
选择对象：
指定镜像线的第一点：
指定镜像线的第二点：
//镜像线选择 A3 图纸内边框水平中线
要删除源对象吗？ [是(Y)/否(N)] <N>:
//直接回车默认为否
```

切换当前层为文字层，调用"多行文字"命令，选择字体为"KaiTi_GB2312"，高度为3，如图 3-49 所示。

图 3-49　文字格式设置

根据设计内容和设备要求，填写说明文字。第一区绘制完毕，第一区绘制图如图 3-50 所示。

2）第二区图线绘制

第二区绘制图如图 3-51 所示。由于第二区为电缆区域，属于连接部分，所以先把第三区的左边部分完成后再绘制。

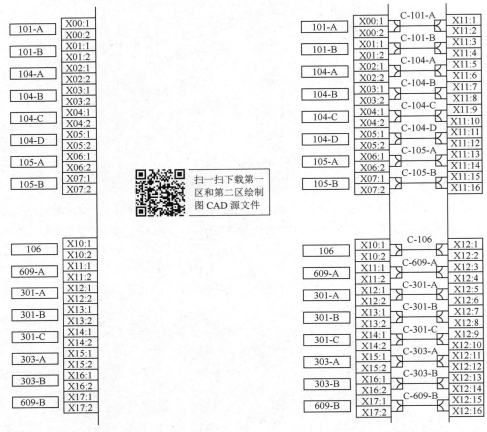

图 3-50　第一区绘制图　　　　　　图 3-51　第二区绘制图

第三区左边与第一区右边互相对称，所以通过"镜像"命令完成。

从矩形 X00：1 的中点处绘制长为 5 mm 的直线，从矩形 X00：2 的中点处绘制长为 5 mm 的直线，把两直线端点连接，构成一个正方形。连接正方形相邻两边中点，绘制出两条所需斜线。

从两斜线交点再绘制一条长为 10 mm 的直线，并把直线中点作为镜像点，把刚刚所绘制的图形进行镜像。

其他部分与之相同，可以采用"复制"和"镜像"命令，并且利用"多行文字"命令编写文字。这部分内容在第一区内已详细讲过，此处不再赘述。

3）第三区的绘制

（1）插入继电器块。按 F11 键，打开对象追踪。在 X11：1 矩形的右上角处向右追踪 10 mm 作为起点，插入继电器块。

单击"绘图"工具栏中的"插入块"按钮 ，打开"插入"对话框，如图 3-52 所示。

选择块名为"继电器"，插入点选为"在屏幕上指定"，比例选择 1:1:1，旋转角度为 0，如图 3-52 所示。

图 3-52　"插入"对话框

通过"陈列"命令和"镜像"命令进行操作，利用"直线"命令绘制其他部分，并且利用"多行文字"命令编写文字。第三区绘制图如图 3-53 所示。

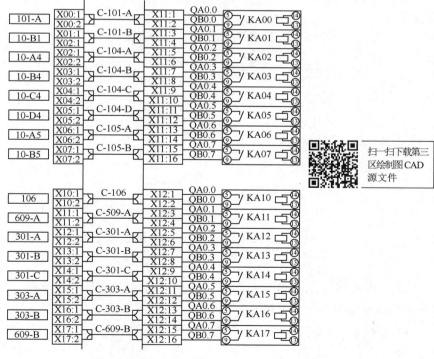

扫一扫下载第三区绘制图 CAD 源文件

图 3-53　第三区绘制图

（2）插入表格。在图纸中间合适的位置插入表格。

单击"绘图"工具栏中的"表格"按钮 ，打开"插入表格"对话框，如图 3-54 所示。

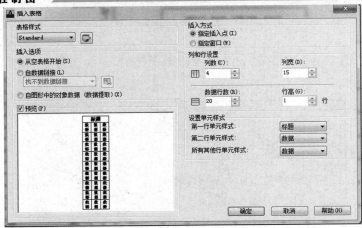

图 3-54 "插入表格"对话框

输入列数为 20，列间距暂定 15 mm，行数为 20，行高为 1 行高度。

在"设置单元样式"中，"第一行单元样式"为"标题"，"第二行单元样式"为"数据"，"所有其他行单元样式"也为"数据"，然后单击"确定"按钮。

调整列宽使中间两行宽度为 20 mm，旁边两行宽度为 10 mm。

双击任意单元格，即可对表格进行编辑，输入相应内容，如图 3-55 所示。设置标题栏为宋体 3 号，序号栏为宋体 4 号，其他单元格为宋体 2.5 号。

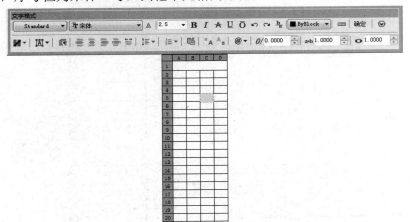

图 3-55 编辑表格

（3）绘制接线。绘制完表格后，通过"镜像"命令把其他对称部分绘制好，再通过"直线"命令绘制其他接线部分。

两线连通部分用实心点表示。具体绘制步骤如下。

单击"绘图"工具栏中的"圆"按钮 ⊘，根据命令窗口提示进行操作。

```
CIRCLE
指定圆的圆心或 [三点(3P)/两点(2P)/切点、切点、半径(T)]:
指定圆的半径或 [直径(D)] <1.1489>:
//绘制一个圆
```

单击"绘图"工具栏中的"填充"按钮，将打开"图案填充和渐变色"对话框，如图 3-56 所示。

图 3-56　"图案填充和渐变色"对话框

单击"图案"后的 按钮，将打开"填充图案选项板"对话框，如图 3-57 所示。

选择"其他预定义"选项卡中的 SOLLD 模块，并单击"确定"按钮，则返回上一级"图案填充和渐变色"对话框，在"边界"中选择"添加：拾取点"，在屏幕上单击圆的内部，并单击鼠标右键确认，则返回对话框，单击对话框中的"确定"按钮即填充完毕。实心圆如图 3-58 所示。

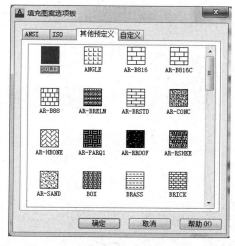

图 3-57　"填充图案选项板"对话框

图 3-58　实心圆

最后，利用"多行文字"命令编写文字，完成图形绘制。

在填充中，拾取点和拾取对象的区别如下。

拾取点要求在一个全封闭的空间内单击拾取，系统就会由创建点处往外搜索，碰到最近的边界，就会创建一个要填充的范围。而拾取对象，是拾取构成封闭空间的线条，拾取对象的操作是直接去选择所要创建边界的对象，然后根据对象那些能填充的范围作为边界来填充。

知识拓展

3.6 AutoCAD 绘制圆角指令

该指令是利用指定半径的圆弧光滑地连接两个对象，操作的对象包括直线、多段线、样条曲线、圆和圆弧等。对于多段线可一次将多段线中所有线条的相交点都光滑地过渡。

1. 命令格式

"圆角"命令的打开方式有如下三种。

（1）单击"修改"工具栏中的"圆角"按钮⬜️，如图 3-59（a）所示。

（2）选择"修改"菜单中的"圆角"命令，如图 3-59（b）所示。

（3）在命令行输入 FILLET 命令，快捷键为 F，如图 3-59（c）所示。

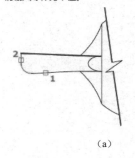

圆角

给对象加圆角

在此示例中，创建的圆弧与选定的两条直线均相切。
直线被修剪到圆弧的两端。要创建一个锐角转角，
请输入零作为半径。

| (a) | (b) | (c) |

图 3-59 "圆角"命令的打开方式

2. 命令提示

```
命令：_fillet
当前模式：模式 = 修剪，半径 = 10.0000
选择第一个对象或 [多段线(P)/半径(R)/修剪(T)]：
选择第二个对象：
```

3. 命令说明

选择第一个对象：选择需进行倒圆角的第一条边。

多段线：对多段线所有线条的相交点都光滑过渡。

半径：输入作为圆角的圆半径。

修剪：选择该选项后，需要继续选择是否修剪，此时选择修剪与否的结果如图 3-60 所示。

4. 绘图示例

（1）倒圆角前的图形为图 3-61 左侧图中的圆 A 和圆 B，倒圆角后的图形为图 3-61 中右侧图形。

```
命令: _fillet
当前模式: 模式 = 修剪，半径 = 10.0000
选择第一个对象或 [多段线(P)/半径(R)/修剪(T)]:
在该提示下选择图 3-61 中圆 A
选择第二个对象:
在该提示下选择图 3-61 中圆 B
```

图 3-60　圆角的修剪选项　　　　　　　　　图 3-61　倒圆角示例

（2）对多段线倒圆角，如图 3-62 所示。

图 3-62 所示图形 A 为多段线，在绘制该多段线时，其中的四个角点均为拾取获得，对该多段线倒圆角后的结果如图中左侧图形所示。命令提示如下：

图 3-62　多段线倒圆角

```
命令: _fillet
当前模式: 模式 = 修剪，半径 = 10.0000
选择第一个对象或 [多段线(P)/半径(R)/修剪(T)]: P（回车）
选择二维多段线:
在该提示下选择多段线 A
3 条直线已被倒圆角
```

图 3-62 所示图形 B 为多段线，在绘制该多段线时，其中的最后一个角点是通过输入字母 C（闭合）获得的，对该多段线倒圆角后的结果如图 3-62 中右侧图形所示。命令提示如下：

```
命令: _fillet
```

当前模式：模式 = 修剪，半径 = 10.0000
选择第一个对象或 [多段线(P)/半径(R)/修剪(T)]：P（回车）
选择二维多段线：
在该提示下选择多段线 B
4 条直线已被倒圆角

5. 使用技巧

"圆角"命令是 FILLET，圆角功能可使用与对象相切且指定半径的圆弧来连接两个对象。可以创建两种圆角，内角点称为内圆角，外角点称为外圆角。可以倒圆角的对象有圆弧、圆、椭圆、椭圆弧、直线、多段线、构造线、三维对象等。

提示： 倒圆角时如果选择的两个对象位于同一图层上，会在该图层创建圆角弧，否则将在当前图层创建圆角弧。图层会影响生成圆弧的特性（包括颜色和线型）。

除了按常规操作生成圆角外，"圆角"命令还有一些扩展应用，如果能灵活应用，可提高绘图效率。下面就跟大家分享几种圆角的使用技巧。

1）当两条线交叉或不相交时，利用圆角进行修剪和延伸

当两条线交叉或不相交时，使用"圆角"命令将圆角半径设置为 0，可以自动进行修剪和延伸，比使用"修剪"和"延伸"命令更方便，如图 3-63 所示。

（a）交叉　　　　　　（b）不相交　　　　　　（c）修剪结果　　　　（d）延伸结果

图 3-63　利用圆角修剪和延伸

2）对平行直线倒圆角

对平行的直线、构造线和射线也可以倒圆角。当对平行线倒圆角时，软件将忽略原来的圆角设置，自动调整圆角半径，生成一个半圆连接两条直线，这在绘制键槽或类似零件时非常方便，如图 3-64 所示。

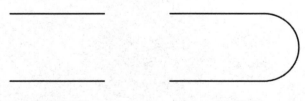

（a）平行直线　　　　　　　　　　（b）倒圆角

图 3-64　平行直线倒圆角

提示： 对平行线倒圆角时第一个选定对象必须是直线或射线，不能是构造线，因为构造线没有端点，它可以作为圆角的第二个对象。

3）对多段线加圆角或删除圆角

如果想在多段线上适合圆角半径的每条线段的顶点处插入相同长度的圆角弧，可在倒

圆角时使用"多段线（P）"选项，如图3-65所示。

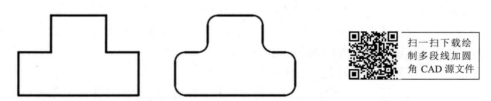

图 3-65　对多段线加圆角

提示：如果想删除多段线上的圆角和弧线，也可以使用"多段线（P）"选项，只需将圆角设置为 0，FILLET 将删除该弧线段并延伸直线，直到它们相交。

3.7　AutoCAD 绘制倒角指令

该指令使用一条斜线连接两个对象，倒角时既可以输入每条边的倒角距离，也可以指定某条边上倒角的长度及倒角斜线与此边的夹角。

1. 命令格式

"倒角"命令的打开方式有如下三种。

（1）单击"修改"工具栏中的"倒角"按钮，如图 3-66（a）所示。

（2）选择"修改"菜单中的"倒角"命令，如图 3-66（b）所示。

（3）在命令行输入 CHAMFER 命令，快捷键为 CHA，如图 3-66（c）所示。

倒角

给对象加倒角

将按用户选择对象的次序应用指定的距离和角度。

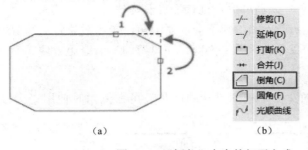

（a）	（b）	（c）

图 3-66　"倒角"命令的打开方式

2. 命令提示

```
命令：_chamfer
（"不修剪"模式）当前倒角距离 1 = 10.0000，距离 2 = 10.0000
选择第一条直线或 [多段线(P)/距离(D)/角度(A)/修剪(T)/方法(M)]:
选择第二条直线:
```

3. 命令说明

多段线：对多段线每个顶点执行倒斜角操作。

距离：设定倒角距离。若倒角距离为 0，则系统将使被倒角的两个对象交于一点。

角度：指定倒角角度，如图 3-67 所示。

修剪：设置倒斜角时是否修剪对象。

方法：设置使用两个倒角距离还是一个倒角距离、一个倒角角度来创建倒角，如图 3-67 所示。

4. 绘图示例

倒角前的图形为图 3-68 左侧图形中的矩形 A，倒角后的图形如图 3-68 右侧图形所示。

```
命令：_chamfer
（"不修剪"模式）当前倒角距离 1 = 10.0000，距离 2 = 10.0000
选择第一条直线或 [多段线(P)/距离(D)/角度(A)/修剪(T)/方法(M)]:
选择第二条直线：
在该提示下选择图 3-68 中另一条边
```

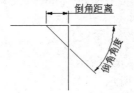

图 3-67　倒角角度和倒角距离

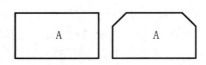

图 3-68　倒角示例

5. 使用技巧

"倒角"命令是 CHAMFER，倒角可以设置两个距离，或一个距离加一个角度，操作相对复杂一点。下面就跟大家分享几种倒角的使用技巧。

1）当两条线交叉或不相交时，利用倒角进行修剪和延伸

如果将距离 1 和距离 2 均设置为 0，则不会创建倒角，操作对象将被修剪或延伸直到它们相交。此时，使用"倒角"命令比使用"修剪"和"延伸"命令更方便。

2）对多段线进行倒角

如果想对多段线一次性创建多个相同尺寸的倒角，可在倒角时使用"多段线（P）"选项，如图 3-69 所示。

图 3-69　对多段线倒角

工程训练3

3.1 采用中断线方式绘制如图 3-70 所示三相异步电动机正反转电气原理图的电气接线图。

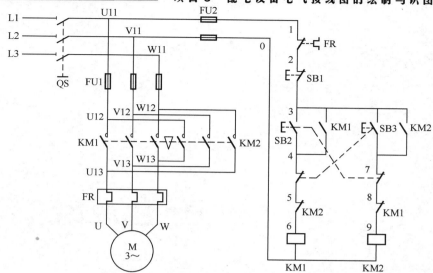

扫一扫看绘制图 3-70 电气原理图操作视频

扫一扫下载图 3-70 电气原理图 CAD 源文件

图 3-70　三相异步电动机正反转电气原理图

3.2　设计并绘制如图 3-71 所示照明动力配电箱的电气接线图。

图 3-71　动力配电箱

项目 4

电气平面布置图的绘制与识图

扫一扫看电气平面布置图的绘制与识图岗课赛证融通教学案例

项目描述

项目名称	电气平面布置图的绘制与识图		参考学时	10 学时
项目导入	本项目来源于变电所和某企业平面布置项目，包括了变电所室内平面布置图和控制柜内部元件布置图两个实例。电气设备或电气设备安装房间的电线走向往往会受到建筑物结构或电气设备硬件的限制，出现不合理的走线，不仅影响美观，而且存在安全隐患。因此，为了降低走线的不合理性，在放置电气设备或安装电气元件时，电气设备安装工必须充分考虑建筑物或柜体的结构，依据规范合理摆放电气设备或电气元件。能够实现这个功能的图纸就是电气平面布置图，它在电气安装的过程中具有重要的作用。本项目采用全国职业院校技能大赛"现代电气控制系统安装与调试"赛项的训练方法，引入"智能制造设备安装与调试""1+X"职业技能等级证书的考核标准，实施"岗课赛证融通"教学改革，提升学生电气平面布置图的识图与绘图能力			
项目目标	知识目标	1. 了解电气平面布置图的特征； 2. 熟悉变电站常用设备、元器件的绘制方法和步骤； 3. 掌握平面图和布置图的绘制方法与技巧； 4. 掌握弱电工程平面图的绘制方法； 5. 识别建筑平面图基本组成元素，了解典型建筑平面图绘制方法和步骤		
	能力目标	1. 具备识读和绘制电气平面布置图的能力； 2. 具备初步设计平面布置图的能力； 3. 具备信息获取、资料收集整理能力； 4. 具备分析问题和解决问题的能力； 5. 具备知识综合运用能力； 6. 具有良好的工艺意识和标准意识		
	素质和思政目标	1. 培养良好的电工职业道德； 2. 严格遵守电气设备安全操作规程； 3. 严格遵守企业电工安全规程； 4. 培养质量意识、安全意识、创新意识； 5. 培养精益求精的工匠精神； 6. 培养劳动精神		
项目要求	1. 制订项目工作计划和任务分工； 2. 完成绘制电气接线图的设计方案； 3. 利用 AutoCAD 软件完成变电所电气平面图的绘制； 4. 利用 AutoCAD 软件完成控制柜电气布置图的绘制； 5. 对照设计方案检查设计图纸并修正			
项目实施	1. 构思：项目的分析与 AutoCAD 指令学习，参考学时为 1 学时； 2. 实施：绘制变电所电气平面图和控制柜电气布置图，参考学时为 8 学时； 3. 检查：对照设计方案修正图纸，参考学时为 1 学时			

项目构思

电气平面布置图是电气工程图中重要的图纸，平面图是在建筑平面图上绘制出来的，由建筑平面图的定位轴线及某些构筑物（如梁、柱、门、窗等）可以清楚地确定设备安装位置、安装方式和线路连接；布置图又进一步详细描述了设备内部元器件之间的安装位置和安装方式等，因此电气平面布置图是操作人员进行电气安装的主要依据，电气从业人员需要掌握电气平面图的识读、绘制和初步设计的能力。本项目以变电所电气平面图和控制柜电气布置图为例，使学生掌握电气接线图的识图和绘图能力。图4-1所示为35kV变电站电气平面布置图。

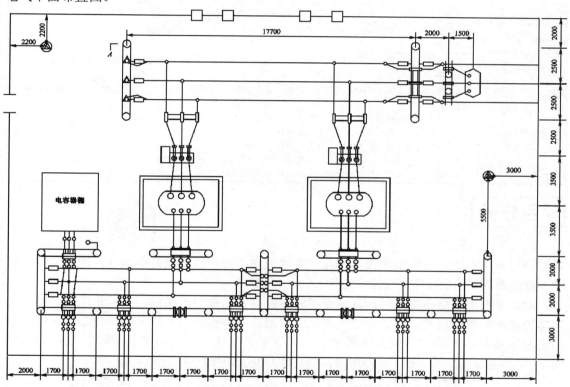

图4-1　35 kV 变电站电气平面布置图

项目实施建议教学方法为项目引导法、小组教学法、案例教学法、启发式教学法、实物教学法。

教师首先下发项目工单，布置本项目需要完成的任务及控制要求，介绍本项目的应用情况，进行项目分析，引导学生完成项目所需的知识、能力及软硬件准备，讲解 AutoCAD 2014 基本绘图指令、电气平面布置图的制图方法等相关知识。

学生进行小组分工，明确项目工作任务，团队成员讨论项目如何实施，进行任务分解，学习完成项目所需的知识，查找不同电气设备的电气布置图的相关资料，制订项目实施工作计划。本项目工单见表4-1。

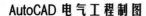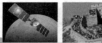
表 4-1 电气平面布置图的绘制与识图项目工单

课程名称	AutoCAD 电气工程制图			总学时	76
项目 4	电气平面布置图的绘制与识图			项目学时	10
班级		组别	团队负责人	团队成员	
项目描述	通过本项目的实际训练，使学生了解电气平面布置图的制图规范和设计方法，掌握电气平面布置图的绘图方法和步骤，进一步掌握 AutoCAD 2014 基本绘图指令，具备电气平面布置图制图和识图的能力，并提高学生实践能力、团队合作精神、语言表达能力和职业素养。具体任务如下： 1. 了解变电所和电控柜的平面布置规范和设计要求，并形成设计方案； 2. 进一步掌握 AutoCAD 2014 绘图基本指令； 3. 按照电气制图国家标准绘制变电所电气平面图； 4. 按照电气制图国家标准绘制控制柜电气布置图； 5. 按照设计方案检查绘制图纸并修正。				
相关资料及资源	AutoCAD 2014 绘图软件及计算机、教材、视频录像、PPT 课件、机械制图国家标准等				
项目成果	1. 变电所电气平面图和控制柜电气布置图图纸； 2. 项目报告； 3. 评价表				
注意事项	1. 遵守实训室设备使用规则； 2. 绘图过程严格按照国家标准； 3. 项目结束时，及时清理工作台，关闭计算机				
引导性问题	1. 你已经具备完成绘制电气平面布置图所需的所有资料了吗？如果没有，还缺少哪些？应通过哪些渠道获得？ 2. 在完成本项目前，你还缺少哪些必要的知识？如何解决？ 3. 你设计的电气布置图符合国家标准吗？ 4. 在进行操作前，你掌握所需要的绘图基本指令了吗？ 5. 在绘图过程中，你采取什么措施来保证绘图质量？符合绘图要求吗？ 6. 在绘图完毕后，你所绘制的图纸和设计方案符合吗？能满足实际使用的要求吗？				

项目分析

扫一扫下载变电所平面图 CAD 源文件

  电气平面布置图采用简图的方式，所有设备和电气元件均不需要画出真实形状，只需画出设备或元件摆放或安装的位置，以及所需要占用的面积，有些布置图还需要画出线路的敷设方法等。

  绘制变电所平面布置图时，首先要了解建筑物的结构图，在图纸上标示出门、窗、柱等建筑物的位置和尺寸，在进行电气布置时要避开这些位置；其次要考虑设备的种类、它们之间的连接关系等，将强电装置和弱点装置分开放置（强电装置最好单独放在一个房间），同类设备放在同一处，排好序号，避免线路交叉，如图 4-2 所示。

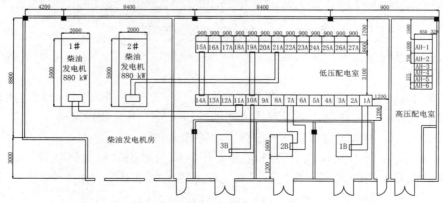

图 4-2 变电所平面布置图

　　绘制控制柜电气元件布置图时，首先要了解柜体和元器件的结构和尺寸，并规划好柜内的走线位置；然后参照电气原理图，按信号的走向将元器件从上至下排列，同类元器件放在同一处，排好序号，避免线路交叉，如图 4-3 所示。

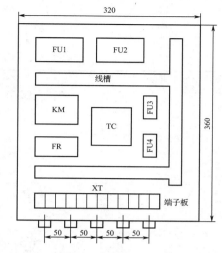

图 4-3　普通车床控制柜电气元件布置图

知识准备

4.1　电气平面布置图的类别

　　电气平面布置图又可以分为电气平面图和电气布置图。

4.1.1　电气平面图

　　电气平面图是用来表示电气设备、装置与线路平面布置的图纸，是进行电气安装的主要依据。电气平面图以建筑平面图为依据，在图上绘出电气设备、装置及线路的安装位置、敷设方法等。常用的电气平面图有变配电所平面图、室外供电线路平面图、动力平面图、照明平面图、防雷平面图、接地平面图、弱电平面图等，如图 4-2、图 4-4 所示。

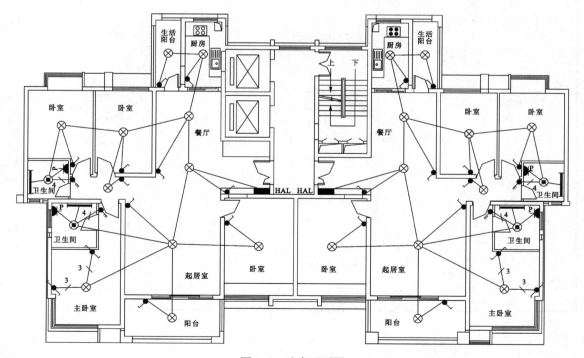

图 4-4　动力平面图

　　图纸上的电气平面图与实际接线图的表示方法有一定的区别，必须掌握识图与实际布线知识，否则不能完成安装与放线工作，甚至还会浪费导线及费工费时。表 4-2 列出了常用电气平面图与实际接线图的对比。

表4-2　常用电气平面图与实际接线图的对比

项　　目	电气平面图	实际接线图
一个开关控制一盏灯	CA220 V　电源 单极开关 双极开关	零线 相线
一个开关同时控制两盏灯		
在一个开关同时控制两盏灯中加插座		
两个开关分别控制两盏灯		
分别在两地控制开关控制一盏灯		
在两地分别由一个开关控制两盏灯		
在三处控制同一盏灯		

4.1.2 电气布置图

电气布置图是表现各种电气设备和器件的平面与空间的位置、安装方式及其相互关系的图纸，通常由平面图、立面图、剖面图及各种构件详图组成。一般来说，电气布置图是按三视图原理绘制的。电气元件布置图中绘出机械设备上所有电气设备和电气元件的实际位置，是生产、机械、电气控制、设备制造、安装和维修必不可少的技术文件。电气元件布置图根据设备的复杂程度可集中绘制在一张图纸上，控制柜、操作台的电气元件布置图也可以分别绘出，如图 4-3 所示。

电气平面布置图也遵循简图规则，即图中所示的电气设备或器件并非真实的外形，而是反映该设备元器件占地情况的简单图形，如矩形、圆形等简单的几何平面图形。另外，图中表示设备连接情况的导线用单直线或双直线表示，提供的是走线方向、连接方式等信息，而非真实导线数，具体导线类型、规格、数量等信息一般在附近标注。

常用的电气平面布置图有变配电所电气平面图、室外供电平面图、照明平面图、弱电平面图等，图中除了提供设备安装位置、线路敷设方法的详细信息之外，还经常对所用导线型号、规格、数量、管径等施工数据进行标注。

4.2 AutoCAD 阵列指令

在 AutoCAD 中，阵列指令是用来快速、准确地复制一个对象的命令工具，可以根据对行数、列数、中心点的设定来将这个物体根据自己的意愿进行摆放和排布。

1. 使用阵列的方法

使用阵列的方法有三种，分别为：

（1）单击"绘图"工具栏中的"阵列"按钮 ▦。

（2）选择"修改"菜单中的"阵列"命令。

（3）在命令窗口输入"阵列"命令快捷键 AR，如图 4-5 所示。

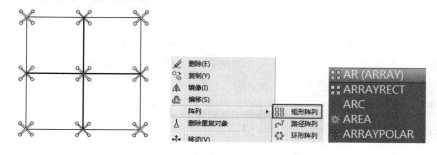

图 4-5 阵列指令打开方式

2. 阵列操作

使用阵列将显示以下提示。

（1）选择对象：选择要在阵列中使用的对象。

（2）关联：指定阵列中的对象是关联的还是独立的。

是：包含单个阵列对象中的阵列项目，类似于块。使用关联阵列，可以通过编辑特性和源对象在整个阵列中快速传递更改。

否：创建阵列项目作为独立对象。更改一个项目不影响其他项目。

（3）基点：定义阵列基点和关键点的位置。

基点：指定在阵列中放置项目的基点。

关键点：对于关联阵列，在源对象上指定有效的约束（或关键点）以与路径对齐。如果编辑生成阵列的源对象或路径，阵列的基点保持与源对象的关键点重合。

（4）计数：指定行数和列数并使用户在移动光标时可以动态观察结果（一种比"行和列"选项更快捷的方法）。

表达式：基于数学公式或方程式导出值。

（5）间距：指定行间距和列间距并使用户在移动光标时可以动态观察结果。

行间距：指定从每个对象的相同位置测量的每行之间的距离。

列间距：指定从每个对象的相同位置测量的每列之间的距离。

单位单元：通过设置等同于间距的矩形区域的每个角点来同时指定行间距和列间距。

（6）列数：编辑列数和列间距。

列数：设置栏数。

列间距：指定从每个对象的相同位置测量的每列之间的距离。

全部：指定从开始和结束对象上的相同位置测量的起点和终点列之间的总距离。

（7）行数：指定阵列中的行数、它们之间的距离及行之间的增量标高。

行数：设定行数。

行间距：指定从每个对象的相同位置测量的每行之间的距离。

全部：指定从开始和结束对象上的相同位置测量的起点和终点行之间的总距离。

增量标高：设置每个后续行的增大或减小的标高。

表达式：基于数学公式或方程式导出值。

（8）层：指定三维阵列的层数和层间距。

层数：指定阵列中的层数。

层间距：在 Z 坐标值中指定每个对象等效位置之间的差值。

（9）全部：在 Z 坐标值中指定第一个和最后一个层中对象等效位置之间的总差值。

表达式：基于数学公式或方程式导出值。

（10）退出。

3. 使用技巧

（1）当选择矩形阵列时，屏幕显示如图 4-6 所示。

可以通过上下拖动改变行数和行间距，通过左右拖动改变列数和列间距。

选择水平夹点，当夹点处于选定状态（并变为红色）时，可以按 Ctrl 键来循环列数、列间距、轴角度提示符。如选择垂直夹点，可以按 Ctrl 键来循环行数、行间距、轴角度提示符。

（2）屏幕提示选择路径，当路径选择为圆时，则出现图 4-7 所示界面。

拖动三角可改变项目个数和位置。

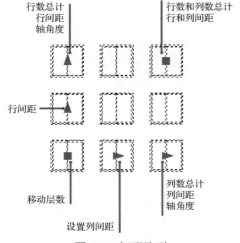

图 4-6 矩形阵列

图 4-7 矩形阵列环形分布

项目实施

4.3 绘制变电所室内平面布置图

扫一扫看课程思政案例：大国工匠——张永刚

图 4-2 所示为变电所平面布置图。整个变电所由柴油发电机房、低压配电室、高压配电室、变压器室 4 部分构成，所有设备之间的连接线由两根平行线来表示真实的连接导线，给出连接方式和线路走向。柴油发电机房有两台 880 kW 的柴油发电机组，作为站用应急电源。图中用两个 5 000 mm×2 000 mm 的矩形表示柴油机组的占地面积（非设备的真实外形）。由于该柴油发电机房足够大，所以没有给出设备在房屋中的布置尺寸，也就是说设备安装时可以根据当时情况调整具体安放位置。

低压配电室主要是为分配低压出线而设置的，由两行分布的共计 27 组低压配电柜构成。该两组配电柜平行分列于房间两侧（标注了具体安装尺寸），设备间连接导线（具体根数和端接信息在设备接线图中给出）走向与连接信息用两根平行线表示。

配电柜的操作面朝内放置，两组相对，便于操作人员操作。

高压配电室由 6 组高压配电柜组成，其中 4 组大小为 850 mm×375 mm，一组为 850 mm×750 mm，一组为 850 mm×1 000 mm，并且给出了在房间中的安装位置。

图中的"操作面"标识，是表示在具体安装时，配电柜的操作显示面的放置方向。

变压器室主变压器共 3 台，分别布置在 3 间变压器室内，也是用矩形示意的（1B、2B、3B），矩形的尺寸表示的是变压器的最大占地尺寸。

由于 3 台变压器型号相同，所以图中只标明了一台的尺寸及安装位置，并用两根平行线来表示设备间连接线的走向。

绘制变电所电气平面布置图的步骤如下。

1. 新建文件

在"文件"菜单中选择"新建"命令，选择 acadiso.dwt 样板，如图 4-8 所示。

图 4-8 选择样板

2. 建立层

建立粗实线层、细实线层、文字层、表格层、分区层、设备层、标注层、辅助线层等（文字高度为 5），如图 4-9 所示。

图 4-9 图层特性管理器

3. 绘制 A3 图幅并完成图纸布局

根据图形大小，确定一个基础比例尺寸。选择标准图纸并按国家标准绘制图框（装订边、边界）。本例可选择 A3 图纸并参照项目 1 中图 1-3 绘制好图框和标题栏。

4. 按 1∶1 比例绘制图形

1）柴油发电机组的布置

将图层切换到细实线层，进行柴油发电机组的绘制。

（1）通过"直线"命令绘制一个区域表示柴油发电机房。

（2）绘制一个矩形表示变压器的大概占地。

（3）通过"矩形"命令绘制一个小矩形表示接线单元。

（4）通过"移动"命令调节小矩形位置为大矩形中线靠下位置。

（5）输入文字。

 扫一扫看绘制柴油发电机房操作视频

（6）选中变压器中全部图形复制到第二个变压器图形，把 1#改为 2#，并标注文字"柴油发电机房"，如图 4-10 所示。

2）低压配电室配电柜布置

（1）首先根据柴油发电机房的比例绘制出低压配电室的大概区域。

（2）绘制一个低压柜，即一个 800 mm×900 mm 的矩形，中间用单行文字添加编号"15A"。

（3）通过"阵列"命令来完成其他配电柜的绘制。单击"修改"工具栏中的"陈列"按钮 ，根据命令窗口提示进行操作。

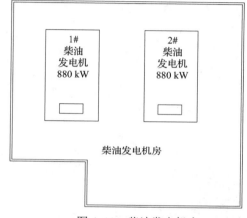

图 4-10　柴油发电机房

```
命令：_arrayrect
选择对象：指定对角点：找到 2 个
//选择要阵列的对象
选择对象：
类型 = 矩形　关联 = 是
选择夹点以编辑阵列或 [关联(AS)/基点(B)/计数(COU)/间距(S)/列数(COL)/行数(R)/层
数(L)/退出(X)] <退出>：R
//选择行数选项，输入 R
输入行数或 [表达式(E)] <3>：2
//输入行数 2
指定行数之间的距离或 [总计(T)/表达式(E)] <432.0601>：3900
//输入行间距
指定行数之间的标高增量或 [表达式(E)] <0>：*取消*
//按 Esc 键返回上一层
选择夹点以编辑阵列或 [关联(AS)/基点(B)/计数(COU)/间距(S)/列数(COL)/行数(R)/层
数(L)/退出(X)] <退出>：COL
//选择列数选项，输入 COL
输入列数或 [表达式(E)] <4>：14
//输入列数14
指定列数之间的距离或 [总计(T)/表达式(E)] <491.9822>：900
//输入列间距 900
```

选择夹点以编辑阵列或 [关联(AS)/基点(B)/计数(COU)/间距(S)/列数(COL)/行数(R)/层数(L)/退出(X)] <退出>：

//回车结束任务

（4）选中并删除第一行最后一列的低压柜。

使用"删除"命令除了通过单击"修改"工具栏上的"删除"按钮 外，还可以直接按 Delete 键操作。

（5）修改其他配电柜号。修改文字，只要在原有文字基础上双击，就可对其进行修改。

（6）选择"多行文字" A标注文字"低压配电室"，如图 4-11 所示。

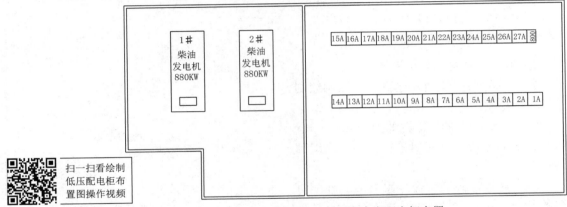

扫一扫看绘制低压配电柜布置图操作视频

图 4-11　低压配电室配电柜布置

3）高压配电室配电柜布置

（1）首先根据柴油发电机房和低压配电室的比例，通过"绘图"工具栏中的"直线"命令 绘制出高压配电室的大概区域。

（2）切换到辅助线层，分别距离顶部 1 500 mm 和距离右边 320 mm 绘制两条辅助线（绘图完毕后辅助线可删除）。

（3）把当前图层切换到设备层，在两条辅助线交点绘制 850 mm×1 000 mm 的矩形。高压配电室区域划分如图 4-12 所示。

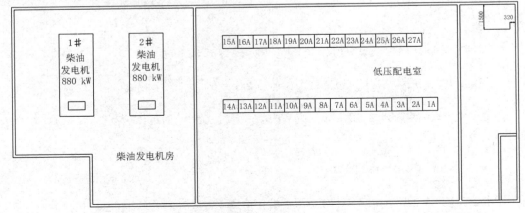

图 4-12　高压配电室区域划分

（4）用"直线"命令绘制 850 mm×750 mm 的矩形（注意：避免线条重复）。

（5）用"直线"命令绘制 850 mm×375 mm 的矩形。

（6）复制 4 个 850 mm×375 mm 的矩形。单击"修改"工具栏中的"复制"按钮，根据命令窗口提示进行操作。

```
命令：_copy
选择对象：指定对角点：找到 1 个
//选择左、右和下三条边
选择对象：指定对角点：找到 1 个，总计 2 个
//避免复制后线条重复
选择对象：找到 1 个，总计 3 个
选择对象：
当前设置：复制模式 = 多个
//复制模式为多个，可连续多次复制
指定基点或 [位移(D)/模式(O)] <位移>：
//基点选择矩形左上角
指定第二个点或 [阵列(A)] <使用第一个点作为位移>：
//选择要到达的位置
指定第二个点或 [阵列(A)/退出(E)/放弃(U)] <退出>：
指定第二个点或 [阵列(A)/退出(E)/放弃(U)] <退出>：
指定第二个点或 [阵列(A)/退出(E)/放弃(U)] <退出>：
```

（7）通过"绘图"工具栏中的"多行文字"按钮 **A** 添加文字。

（8）输入多行文字"高压配电室"并删除辅助线。

（9）绘制右下角区域，完成高压配电室配电柜的布置，如图 4-13 所示。

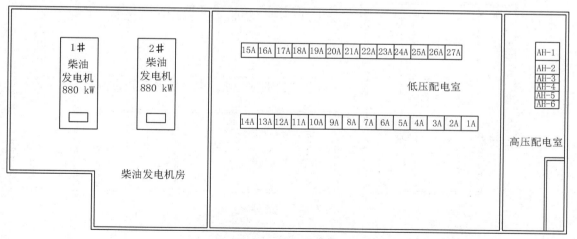

图 4-13　高压配电室配电柜布置

4）变压器室绘制

（1）绘制变压器室区域。

（2）绘制 3 个变压器室，并用"修剪"命令修剪出门的位置。

单击"修改"工具栏中的"修剪"按钮 -/--，根据命令窗口提示进行操作。

扫一扫看绘制
高压配电柜布
置图操作视频

```
命令：_trim
当前设置：投影=UCS，边=无
选择剪切边...
选择对象或 <全部选择>：找到 1 个
选择对象：找到 1 个，总计 2 个
 //选择修剪的界线，并右击确定
选择对象：
选择要修剪的对象，或按住 Shift 键选择要延伸的对象，或[栏选(F)/窗交(C)/投影(P)/边
(E)/删除(R)/放弃(U)]：
 //选择要剪掉的边
选择要修剪的对象，或按住 Shift 键选择要延伸的对象，或[栏选(F)/窗交(C)/投影(P)/边
(E)/删除(R)/放弃(U)]：
 //选择要剪掉的边
选择要修剪的对象，或按住 Shift 键选择要延伸的对象，或[栏选(F)/窗交(C)/投影(P)/边
(E)/删除(R)/放弃(U)]： *取消*
 //按 Esc 键取消或回车确定
```

（3）把当前图层切换到辅助线层，绘制辅助线，用来对齐 3 台主变压器。

（4）把当前图层切换回设备层，通过"直线"命令绘制主变压器，并使用"多行文字"命令标注文字 3B。

（5）用正交模式复制得到其余两台变台器，并修改文字。

（6）把辅助线删除，得到变压器室，如图 4-14 所示。

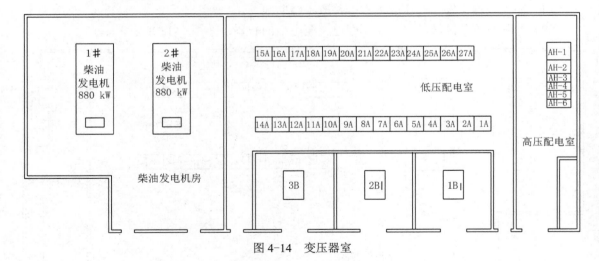

图 4-14　变压器室

5）设备之间连接线的绘制

主要通过"直线"命令、"偏移"命令、"修剪"命令来完成各设备之前连接线的绘制。

6）使用"修剪"命令预留门的位置

7）绘制门

绘制门后如图 4-15 所示。

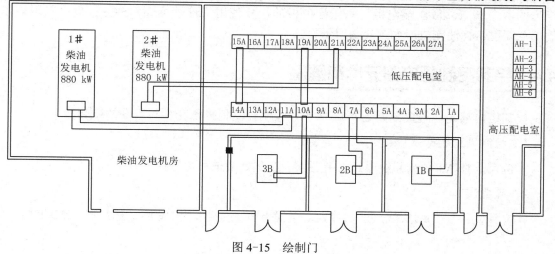

图 4-15 绘制门

8）图形缩放

通过"缩放"命令将图形进行缩放，放入 A3 图纸中，如图 4-16 所示。

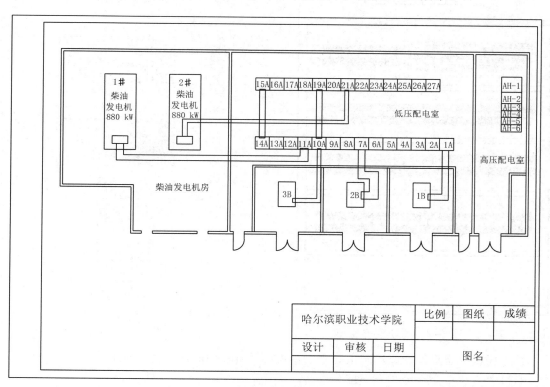

哈尔滨职业技术学院		比例	图纸	成绩
设计	审核	日期		图名

图 4-16 图形缩放

扫一扫下载
图 4-16 CAD
源文件

9）尺寸标注

把当前图层切换到标注层，按要求进行标注。发电机组、主
变压器、各设备的尺寸标注通过使用线性标注来完成。标注时，标注的起点和结束点捕捉

153

矩形的两个端点。低压配电柜、高压配电柜的尺寸使用"连续标注"命令，逐个拾取矩形的端点即可。标注完成后如图 4-2 所示。

4.4 绘制控制柜内部元件布置图

控制柜内部元件布置图如图 4-17 所示，绘制控制柜内部元件布置图的步骤如下。

1. 绘制 A3 图纸

本例可选择 A3 图纸并参项目 1 中图 1-3 绘制好图框和标题栏。

2. 建立层

建立粗实线层、细实线层、文字层、表格层、分区层、设备层、标注层、辅助线层等（文字高度为 5）。

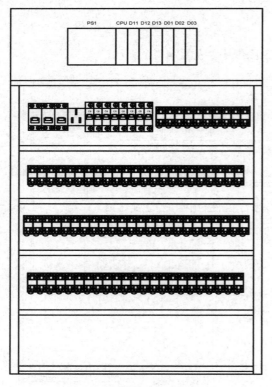

图 4-17　控制柜内部元件布置图

3. 创建块

1）创建模块一

模块一如图 4-18 所示。

扫一扫看绘制模块一图操作视频

扫一扫下载模块一图 CAD 源文件

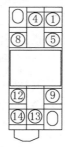

图 4-18　模块一

首先通过"矩形"命令绘制出一个大矩形，并且在中间位置再绘制出一个小的矩形。

通过"直线"命令绘制上半部分表格。

在表格适当位置绘制圆，并在圆内使用"多行文字"命令添加文字。

图中椭圆部分不是标准椭圆，不适合使用"椭圆"命令，可先绘制出矩形，然后采用"圆角"命令完成。操作步骤如下。

单击"绘图"工具栏中的"矩形"按钮 ▱ ，绘制一个矩形。

单击"修改"工具栏中的"圆角"按钮，根据命令窗口提示进行操作。

```
命令：_fillet
当前设置：模式 = 修剪，半径 = 0.2039
//当前模式为修剪态，不需要重新设置
选择第一个对象或 [放弃(U)/多段线(P)/半径(R)/修剪(T)/多个(M)]：R
//要设定半径，则输入选项 R
指定圆角半径 <0.2039>：
//选择半径时，选择矩形左上角
指定第二点：
//选择矩形上边的中点，则自动计算出半径大小
选择第一个对象或 [放弃(U)/多段线(P)/半径(R)/修剪(T)/多个(M)]：M
//输入 M，表示要修剪多个
选择第一个对象或 [放弃(U)/多段线(P)/半径(R)/修剪(T)/多个(M)]：
//选择修剪的边
选择第二个对象，或按住 Shift 键选择对象以应用角点或 [半径(R)]：
//选择修剪的边
选择第二个对象，或按住 Shift 键选择对象以应用角点或 [半径(R)]：
选择第一个对象或 [放弃(U)/多段线(P)/半径(R)/修剪(T)/多个(M)]：
选择第二个对象，或按住 Shift 键选择对象以应用角点或 [半径(R)]：
选择第二个对象，或按住 Shift 键选择对象以应用角点或 [半径(R)]：
选择第一个对象或 [放弃(U)/多段线(P)/半径(R)/修剪(T)/多个(M)]：
选择第二个对象，或按住 Shift 键选择对象以应用角点或 [半径(R)]：
选择第一个对象或 [放弃(U)/多段线(P)/半径(R)/修剪(T)/多个(M)]：
选择第二个对象，或按住 Shift 键选择对象以应用角点或 [半径(R)]：
选择第一个对象或 [放弃(U)/多段线(P)/半径(R)/修剪(T)/多个(M)]：*取消*
//按 Esc 键或回车结束命令，如图 4-19 所示
```

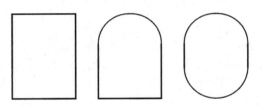

图 4-19　倒圆角

由于上下两部分对称，首先考虑"镜像"命令，但必须得通过两步镜像才能够实现。操作步骤如下。

单击"修改"工具栏中的"镜像"按钮，根据命令窗口提示进行操作。

```
命令：_mirror
选择对象：指定对角点：找到 15 个
选择对象：指定对角点：找到 1 个，总计 16 个
选择对象：找到 1 个，总计 17 个
//选择要镜像的内容
选择对象：
指定镜像线的第一点：
```

指定镜像线的第二点：

//选择矩形水平中线作为镜像线

要删除源对象吗？[是(Y)/否(N)] <N>：

//选择 N 表示保留源对象，即上半部分图形

第二次再使用"镜像"命令，与上一步命令相同时，可以直接回车，表示执行上一次命令。

命令：_mirror

选择对象：指定对角点：找到 15 个

选择对象：指定对角点：找到 1 个，总计 16 个

选择对象：找到 1 个，总计 17 个

//选择刚刚镜像得到的下半部分图形

选择对象：

指定镜像线的第一点：指定镜像线的第二点：

//选择矩形垂直中线作为镜像线

要删除源对象吗？[是(Y)/否(N)] <N>：Y

//选择 Y，删除源对象，只保留镜像后内容，即把刚才得到的图形调换位置

绘制下端的圆，通过"修剪"命令修剪上一半。

单击"绘图"工具栏中的"创建块"按钮 🔲，输入块名模块一，选择对象以用户选择块的左上角为基点，创建块完成。

由于前几章已详细讲解过创建块的过程，在这里就不再赘述了。

2）创建模块二

模块二如图 4-20 所示。

通过"矩形"命令绘制矩形。

用"直线"命令把矩形分成 3 部分。

第一部分的绘制步骤如下。

命令：C

CIRCLE

指定圆的圆心或 [三点(3P)/两点(2P)/切点、切点、半径(T)]：

指定圆的半径或 [直径(D)]：

//绘制一个小圆

命令：_line

指定第一个点：

指定下一点或 [放弃(U)]：

指定下一点或 [放弃(U)]：

//利用极轴绘制通过圆的水平直线

命令：_line

指定第一个点：

指定下一点或 [放弃(U)]：

指定下一点或 [放弃(U)]：

//利用极轴绘制通过圆的垂直直线

通过"复制"命令复制出其他 3 个圆。

命令：CO

COPY
选择对象：指定对角点：找到 3 个
选择对象：
当前设置： 复制模式 = 多个
指定基点或 [位移(D)/模式(O)] <位移>：
指定第二个点或 [阵列(A)] <使用第一个点作为位移>：
指定第二个点或 [阵列(A)/退出(E)/放弃(U)] <退出>：
指定第二个点或 [阵列(A)/退出(E)/放弃(U)] <退出>：
指定第二个点或 [阵列(A)/退出(E)/放弃(U)] <退出>：*取消*

同时把第三部分也绘制完毕。

第二部分可以采用"直线"命令绘制，过程略。

创建块，方法同模块一。

3）模块三

绘制模块三，如图 4-21 所示。模块三与模块二稍有区别，绘制方法也基本相同，此处略去绘制过程。

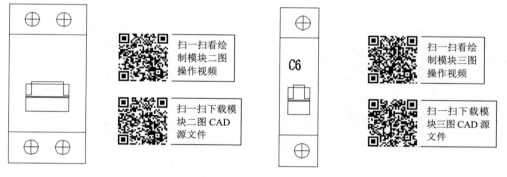

图 4-20　模块二

图 4-21　模块三

4. 绘制图形

首先绘制一个 70 mm×170 mm 的矩形作为柜体。根据要求划分层，层间距为 5 mm。

1）第一层绘制

通过"直线"命令绘制一个长为 8 mm、宽为 12.5 mm 的矩形。

再绘制一个长为 4 mm、宽为 12.5 mm 的矩形。

单击"复制"按钮 ，根据命令窗口提示进行操作。

COPY
选择对象：找到 3 个
为了避免重复，选择 3 条边
选择对象：
当前设置： 复制模式 = 多个
//复制模式为多个，可重复复制
指定基点或 [位移(D)/模式(O)] <位移>：　　　　　　　　// 基点为左下角
指定第二个点或 [阵列(A)] <使用第一个点作为位移>：　　//要移动的位置
指定第二个点或 [阵列(A)/退出(E)/放弃(U)] <退出>：

> 指定第二个点或 [阵列 (A) /退出 (E) /放弃 (U)] <退出>:
> 指定第二个点或 [阵列 (A) /退出 (E) /放弃 (U)] <退出>:
> 指定第二个点或 [阵列 (A) /退出 (E) /放弃 (U)] <退出>:
> 指定第二个点或 [阵列 (A) /退出 (E) /放弃 (U)] <退出>: *取消*

2）第二层绘制

选择合适位置插入模块二，并复制得到其他两个。"插入"对话框如图 4-22 所示。

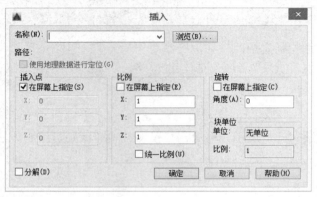

图 4-22 "插入"对话框

再插入模块三，阵列出 8 个。方法如下。

单击"阵列"按钮，选择模块三，则屏幕上出现如图 4-23 所示阵列一，拖动手柄。

在阵列图中，左右拖动最底下一行的方形和第一个三角形来改变矩阵列间距，拖动右下角三角形来改变列数；用同样的方法上下拖动则改变行间距和行数。

通过拖动，就可以直接得到我们需要的 8 个图形，如图 4-24 所示阵列二。

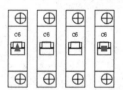

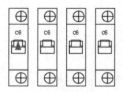

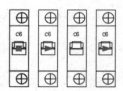

图 4-23 阵列一

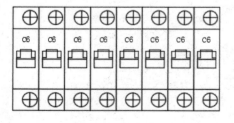

图 4-24 阵列二

插入模块一，再用同样的方法阵列得到 10 个模块一图形，如图 4-25 所示阵列三。

再通过"直线"命令把其他部分绘制好。

第三层、第四层和第五层都是模块三的阵列，在此不再赘述。

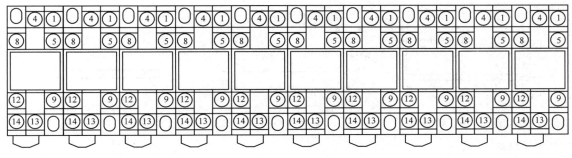

图 4-25　阵列三

完成后如图 4-17 所示。

扫一扫下载绘
制阵列图 CAD
源文件

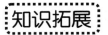

4.5　建筑平面图的组成与识读方法

大多数的电气平面布置图都与建筑物的布局与尺寸有关，摆放在室内的电气设备要根据建筑物的结构和尺寸来进行布置设计，所以电气工程人员必须能够识读标准的建筑平面图。

建筑平面图图幅与电气图一样，有 A0、A1、A2、A3、A4、A5 规格，其图框线和标题栏绘制相关规定也与电气图相同，建筑平面图常用绘图比例是 1∶200、1∶100、1∶50，并通过定位轴线来标定房屋中的墙、柱等承重构件位置。

一般来说，建筑物有几层，就包括几个平面图，并在图的下方注明图名，如底层平面图、二层平面图等。如果上下各层的房间数量、大小和布置都一样，则相同的楼层可用一个平面图表示，该平面图就称为标准层平面图；如果建筑平面图左右对称，也可将两层平面图画在同一个图上，左边画出一层的一半，右边画出另一层的一半，中间用一对称符号作为分界线，并在图的下方分别注明图名。

建筑平面图包含的基本组成元素主要有轴线、墙体、支柱、门体、窗体、楼梯、电梯等。

4.5.1　建筑平面图主要构造和配件

1. 轴线

轴线用来标定房屋中的墙、柱等承重构件的位置，也称为定位轴线，由圆圈和内部字母/数字组成。水平轴线编号以字母排列顺序进行标注，垂直轴线编号一般用从 1 开始的顺序数字进行标注，如图 4-26 所示。

2. 墙体

建筑平面图中用来表示墙体的是两根平行线，比墙体稍细的平行线是隔断的表示。在电气平面布置图设计时，设备及其线路可以沿墙铺设、穿墙设计或贴顶铺设，如图 4-27 所示。

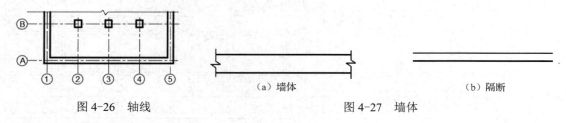

（a）墙体　　　　　　　（b）隔断

图 4-26　轴线　　　　　　　　　　　图 4-27　墙体

3. 楼梯

任何高于一层的建筑物都必须设有楼梯（箭头表示上下楼梯方向），除了底层和顶层，其他层的表示方法一样。在电气平面布置图设计时，设备及其线路的铺设应避免穿越楼梯，如图 4-28 所示。

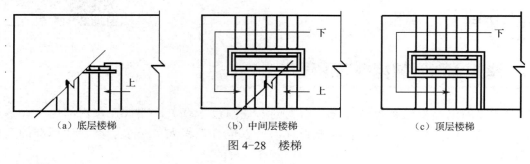

（a）底层楼梯　　　　　　（b）中间层楼梯　　　　　　（c）顶层楼梯

图 4-28　楼梯

4. 门

建筑物平面图中常见的门一般以 45° 的斜线表示，也可以用 90° 开度的直线来表示，但同一项目中的表示方法要统一。在电气平面布置图设计时，设备线路可以沿门上端铺设或穿墙设计，但设备不能摆放在门线所示的开度范围内，如图 4-29 所示。

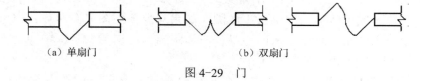

（a）单扇门　　　　　　　　　　（b）双扇门

图 4-29　门

5. 窗

建筑平面图中常见的窗用与墙等宽并加了两条线的矩形来表示，在电气平面布置图设计时，设备线路可以沿窗上端铺设或穿越设计，如图 4-30 所示。

图 4-30　窗

6. 其他图例

其他图例及其说明如表 4-3 所示。

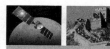

表4-3 其他图例及其说明

名　称	图　例	说　明
柱	□　■	正方形或长方形，空心或实心
墙上预留洞		虚线表示预留位置宽度
墙上预留槽		虚线表示槽宽度
烟道		墙体中设置的烟道形状可以是方形或圆形
通风口		墙体中设置的通风口形状可以是方形或圆形
检查孔		实线为可见孔，虚线为不可见孔
孔洞		方形孔洞、圆形孔洞
坑槽		方形坑槽、圆形坑槽

4.5.2 建筑电气平面图专用标注

1. 方位

方位是表示建筑物方位与朝向的，箭头方向表示正北方向，如图4-31所示。

2. 风向频率

风向频率是根据建筑物所处地区多年统计出的各方向刮风次数的平均百分值，按照一定比例绘制出来的，其中实线表示全年的风向频率，虚线表示夏季（6～8 月）的风向频率，如图4-32所示。

3. 标高

标高分为绝对标高和相对标高。绝对标高又称作海拔高度；相对标高是选定某一参考平面或参考点为零点而确定的高度尺寸。建筑电气平面图都采用相对标高，一般以室外某一平面或某层楼平面为零点而确定标高，又称作安装标高或敷设标高，如图4-33所示。

图 4-31　方位

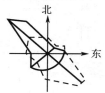

图 4-32　风向频率

（a）　　　　　　（b）

图 4-33　标高

4.5.3 建筑电气平面图识读实例

建筑电气平面图识读时，首先识读建筑物概况，比如每层房间数目、墙体厚度、门窗

位置、承重梁柱的平面结构等；接着识读电气设备的种类及灯具数量、灯具类型等；再识读导线的根数和走向；最后识读电气设备的安装位置。

建筑平面图如图 4-34 所示，请读者自行识读。

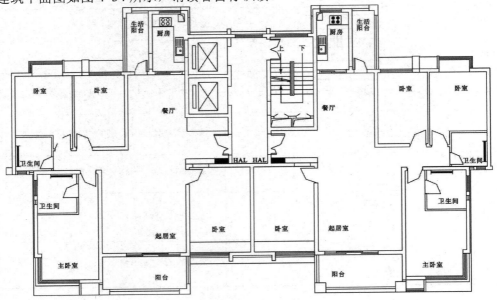

图 4-34　建筑平面图

工程训练 4

4.1 设计并绘制如图 4-35 所示的 PLC 控制柜布置图。

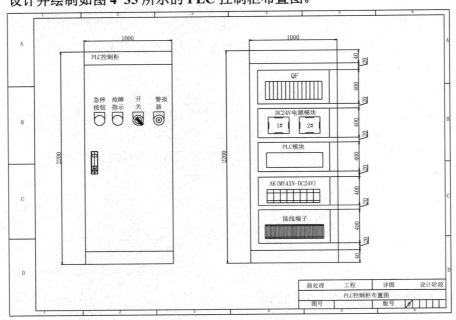

图 4-35　PLC 控制柜布置图

扫一扫看绘制图
4-35 PLC 控制柜
布置图操作视频

扫一扫下载图 4-35
PLC 控制柜布置图
CAD 源文件

4.2　绘出如图 4-36 所示的室内照明平面图。

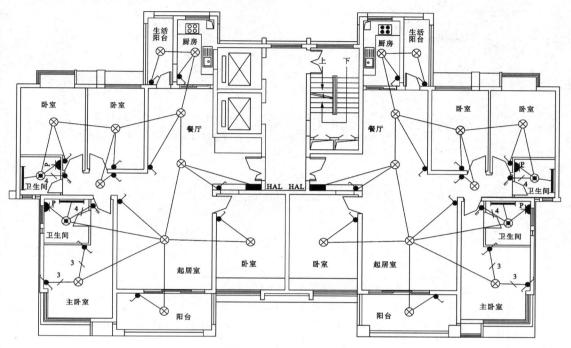

图 4-36　室内照明平面图

项目 5

PLC 控制系统电气工程图的绘制

扫一扫看 PLC 控制系统
电气工程图的绘制岗课
赛证融通教学案例

项目名称	PLC 控制系统电气工程图的绘制		参考学时	16 学时
项目描述	项目导入	本项目来源于校企合作项目——龙丹乳品厂前处理电气控制系统，该系统共有六个主站，电气系统较复杂。对于这样复杂的电气系统，需要多种图纸从多个方面来表述系统的结构及特性。由于该系统图纸总量较大，本项目选择了 6#主站中的一个 PLC 控制柜为例，绘制出其电气工程套图，电气设备工艺员从电气原理、电气元件布局、电气接线等方面详细设计了 PLC 控制柜的功能和结构。本项目采用全国职业院校技能大赛"现代电气控制系统安装与调试"赛项的训练方法，引入"智能制造设备安装与调试""1+X"职业技能等级证书的考核标准，实施"岗课赛证融通"教学改革，提高学生对较复杂电气系统的综合设计能力		
	项目目标	知识目标	1. 建立电气工程系统设计概念； 3. 掌握电气工程套图的绘制方法与技巧	2. 了解电气工程套图编制方法；
		能力目标	1. 具备简单电气工程系统设计能力； 3. 具备信息获取、资料收集整理能力； 5. 具备知识综合运用能力；	2. 具备绘制完整电气工程套图的能力； 4. 具备分析问题和解决问题的能力； 6. 具有良好的工艺意识和标准意识
		素质和思政目标	1. 培养良好的电工职业道德； 3. 严格遵守企业电工安全规程； 5. 培养精益求精的工匠精神；	2. 严格遵守电气设备安全操作规程； 4. 培养质量意识、安全意识、创新意识； 6. 培养劳动精神
	项目要求	1. 制订项目工作计划和任务分工； 2. 分析系统，确定电气工程套图的数量及设计方案； 3. 利用 AutoCAD 软件完成电气工程套图的绘制； 4. 对照设计方案检查设计图纸并修正			
	项目实施	1. 构思：项目的分析与 AutoCAD 指令学习，参考学时为 1 学时； 2. 实施：绘制变电所电气平面图和控制柜电气布置图，参考学时为 14 学时； 3. 检查：对照设计方案修正图纸，参考学时为 1 学时			

项目构思

在实际工程项目中，要完成一个特定的电气工程项目，往往需要工作人员从系统的角度了解这个工程项目，这就形成了由几个或多个电气图构成一整套的电气工程图。电气系统工程套图是工业上电控柜设计、安装和调试等工作的必备图纸，它包含柜体加工图、元件布局图、电气原理图、电气接线图、元件清单等电气工程图纸，这些图纸提供了完整的技术参数和信息。通过电气图各图纸之间的关系，为工作人员提供电气原理图、接线图等信息，使工作人员能够了解整个工程项目的设计思路，作为操作的依据。本项目以校企合作项目龙丹乳品厂前处理系统中的 6#站 PLC 控制柜为例，系统讲解电气工程套图的组成、绘制标准及要求，是综合性较强的项目，学生学习之后可以掌握电气工程套图的绘制技能。

项目实施建议教学方法为项目引导法、小组教学法、案例教学法、启发式教学法、实物教学法。

教师首先下发项目工单，布置本项目需要完成的任务及控制要求，介绍本项目的应用情况，进行项目分析，引导学生完成项目所需的知识、能力及软硬件准备。学生进行小组分工，明确项目工作任务，团队成员讨论项目如何实施，进行任务分解，学习完成项目所需的知识，查找相关资料，制订项目实施工作计划。本项目工单见表 5-1。

表 5-1　PLC 控制系统电气工程图的绘制项目工单

课程名称	AutoCAD 电气工程制图			总学时		76
项目 5	PLC 控制系统电气工程图的绘制			项目学时		16
班级		组别		团队负责人		团队成员
项目描述	通过本项目的实际训练，使学生了解电气工程套图的制图规范和设计方法，掌握电气工程套图绘图的方法和步骤，进一步熟练掌握 AutoCAD 基本绘图指令，具备电气工程套图制图和识图的能力，并提高学生实践能力、团队合作精神、语言表达能力和职业素养。具体任务如下： 1. 了解电气工程套图的设计规范要求，并形成设计方案； 2. 进一步熟悉 AutoCAD 绘图基本指令； 3. 按照电气制图国家标准绘制电气工程套图； 4. 按照设计方案检查绘制图纸并修正					
相关资料及资源	AutoCAD 绘图软件及计算机、教材、视频录像、PPT 课件、机械制图国家标准等					
项目成果	1. PLC 控制柜电气套图图纸，共 13 张；　　　　2. 项目报告； 3. 评价表					
注意事项	1. 遵守实训室设备使用规则；　　　　2. 绘图过程严格按照国家标准； 3. 项目结束时，及时清理工作台，关闭计算机					
引导性问题	1. 你已经具备完成绘制电气工程套图所需的所有资料了吗？如果没有，还缺少哪些？应通过哪些渠道获得？ 2. 在完成本项目前，你还缺少哪些必要的知识？如何解决？ 3. 你设计的电气图符合国家标准吗？ 4. 你所设计的电气工程套图数量合理吗？能够完全表达电气系统的信息吗？ 5. 在绘图过程中，你采取什么措施来保证绘图质量？符合绘图要求吗？ 6. 在绘图完毕后，你所绘制的图纸和设计方案符合吗？能满足实际使用的要求吗？					

项目分析

本项目采用的是校企合作项目——龙丹乳品厂前处理系统中的一个 PLC 控制柜为训练实例，PLC 控制柜实物如图 5-1 所示。

要完整地表现 PLC 控制柜的信息，需要具有工艺图、柜体设计图、元件布置图、接线图、电气原理图、元件清单共六类图纸。每一类图需要绘制多少幅，由绘图者根据实际情况分配。参考绘图为 10～16 张。

知识准备

图 5-1　PLC 控制柜实物

5.1　PLC 的基本结构与功能

1969 年，美国数字设备公司（DEC）首先研制出第一台符合要求的控制器，即可编程逻辑控制器，在美国 GE 公司的汽车自动装配上试用并获得成功。此后，这项研究技术迅速发展，从美国、日本、欧洲普及到全世界。我国从 1974 年开始研制，1977 年应用于工业。目前世界上已有数百家厂商生产 PLC，品种多达数百种。早期的可编程控制器主要用于顺序控制，故称为可编程逻辑控制器，简称 PLC（Programmable Logic Controller）。

可编程控制器将传统继电器控制技术和现代计算机信息处理两者的优点结合起来，成为工业自动化领域中最重要、应用最多的控制设备，并已跃居工业生产自动化三大支柱（即 PLC、机器人和 CAD/CAM）的首位。PLC 在国内外都已得到了广泛的应用。利用 PLC 最基本的逻辑运算、定时、计数等功能进行逻辑控制，可以取代传统的继电器控制系统，广泛用于机床、印刷机、装配生产线、电镀流水线及电梯的控制等。

可编程控制器硬件系统的基本结构框图如图 5-2 所示。PLC 的主机由微处理器（CPU）、存储器（EPROM、RAM）、输入/输出模块、外设 I/O 接口、通信接口及电源组成。

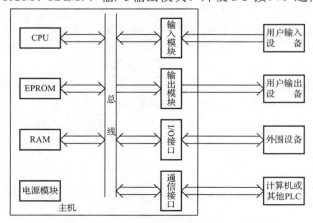

图 5-2　可编程控制器硬件系统的基本结构框图

PLC 的控制功能是由程序实现的。目前 PLC 程序常用的表达方式有：梯形图、语句表和功能块图。梯形图是按照原继电器控制设计思想开发的一种编程语言，它与继电器控制电路图相类似，对从事电气专业的人员来说，简单、直观、易学、易懂。它是 PLC 的主要编程语言，使用非常广泛，如图 5-3 所示。

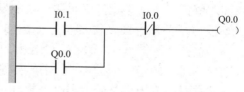

图 5-3　梯形图语言

西门子公司生产的 SIMATIC 可编程控制器主要有 S5 和 S7 两大系列。目前，早期的 S5 系列 PLC 产品已被新研制生产的 S7 系列所替代。S7 系列以结构紧凑、可靠性高、功能全等优点，在自动控制领域占有重要地位。S7-200 可编程控制器的 CPU 单元如图 5-4 所示。

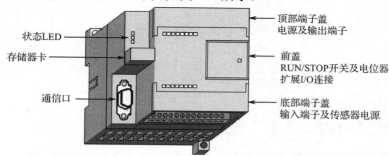

图 5-4　S7-200 可编程控制器的 CPU 单元

5.2　常用的低压电器元件

5.2.1　刀开关

刀开关的主要类型有：带灭弧装置的大容量刀开关、带熔断器的开启式负荷开关（胶盖开关）、带灭弧装置和熔断器的封闭式负荷开关（铁壳开关）等。

刀开关又称闸刀开关，是一种手动配电电器，如图 5-5 所示。刀开关主要作为隔离电源开关使用，用在不频繁接通和分断电路的场合，图 5-6 所示为各种刀开关的符号。

请同学们注意它们的区别与画法的不同之处，并分析相同绘图元素，快速用 AutoCAD 绘制如图 5-6 所示这些电气符号。

图 5-5　刀开关

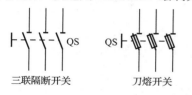

三联隔断开关　　　　刀熔开关　　　　　负荷开关　　　　组合开关　　　　断路器开关

图 5-6　不同刀开关的符号

刀开关在安装时，手柄要向上，不得倒装或平装，避免由于重力自动下落，引起误动合闸。接线时，应将电源线接在上端，负载线接在下端，这样断开后，刀开关的触刀与电源隔离，既便于更换熔丝，又可防止可能发生的意外事故。

单投刀开关示意图及图形符号如图 5-7 所示。图 5-7（a）为直接手动操作，图 5-7（b）为手柄操作，图 5-7（c）～（h）为刀开关的图形符号和文字符号。其中图 5-7（c）为一般图形符号，图 5-7（d）为手动符号，图 5-7（e）为三相单投刀开关符号。当刀开关用作隔离开关时，其图形符号上加有一横杠，如图 5-7（f）～（h）所示。

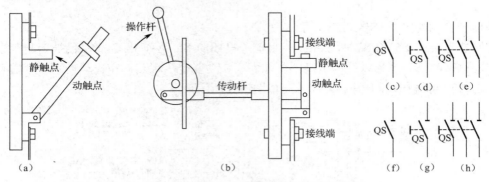

图 5-7　单投刀开关示意图及图形符号

5.2.2　电流互感器（CT）

电流互感器属于特种变压器，又称为仪用变压器，是电流互感器和电压互感器的统称，能将高电压变成低电压、大电流变成小电流，用于量测或保护系统。其功能主要是将高电压或大电流按比例变换成标准低电压（100V）或标准小电流（5A 或 1A，均指额定值），以便实现测量仪表、保护设备及自动控制设备的标准化、小型化。同时互感器还可用来隔开高电压系统，以保证人身和设备的安全。本项目仅介绍应用较广的电流互感器。

电流互感器与变压器类似，也是根据电磁感应原理工作的，只是变压器变换的是电压，而电流互感器变换的是电流罢了。电流互感器接被测电流的绕组（匝数为 N_1）称为一次绕组（或原边绕组、初级绕组）；接测量仪表的绕组（匝数为 N_2）称为二次绕组（或副边绕组、次级绕组）。电流互感器如图 5-8 所示，其符号画法如图 5-9 所示。

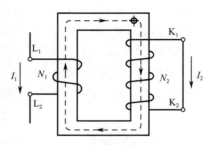

（a）电流互感器实物图　　　　　　　　（b）电流互感器内部原理图

图 5-8　电流互感器

符号左边的竖线和圆圈表示一次绕组端；右侧的一横线和双斜线表示二次绕组端。同一个互感器可以由几个二次绕组组成，即有几个圈就表示有几个二次绕组，每个绕组有不同的用途，如图5-10所示。

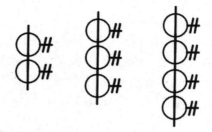

图5-9   电流互感器符号   图5-10   一个互感器有多个二次绕组

当使用多个互感器时，其画法如图5-11所示。

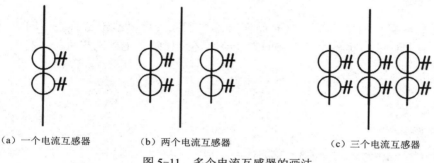

（a）一个电流互感器   （b）两个电流互感器   （c）三个电流互感器

图5-11   多个电流互感器的画法

电流互感器一次绕组电流 I_1 与二次绕组电流 I_2 的比，称为实际电流比 K。电流互感器在额定电流下工作时的电流比称为电流互感器额定电流比，用 K_n 表示。如变比为400/5的电流互感器，可以把实际为400A的电流转变为5A的电流。

下面介绍电流互感器的型号含义，以电流互感器型号LZZBJ9-10A为例进行说明。

第一字母：L—电流互感器。

第二字母：Z—支柱式。还可以用其他字母，含义为 A—穿墙式； M—母线式；D—单匝贯穿式；V—结构倒置式；J—零序接地检测用；W—抗污秽；R—绕组裸露式。

第三字母：Z—环氧树脂浇注式。还可以用其他字母，含义为 C—瓷绝缘；Q—气体绝缘介质；W—与微机保护专用。

第四字母：B—带保护级。还可以用其他字母，含义为 C—差动保护；D—D 级；Q—加强型；J—加强型 ZG。

后面字母、数字：J—加强型；9—设计序号；10—额定电压；A—结构代号。

电流互感器的变比：一次电流/二次电流。

二次电流：5A、1A；一次电流根据系统需求而定。

变比：100/5、200/1、2000/5。

复合变比：100～200/5、200～400/5。

电流互感器的精度等级（根据互感器在回路中的用途选取）。

0.5/10P10、0.2/0.5/10P20、0.5/5P10/5P10。

测量级：0.2S、0.2、0.5S、0.5（S 表示扩大测量范围）。

　　　　保护级：5P、10P，表示±5%和±10%　P 表示保护。

　　　　准确限值系数：10、15、20、25、30（易被忽略）。

　　例如：

　　　　5P10 表示当一次过流 10 倍时，该绕组的复合误差≤±5%。

　　　　10P10 表示当一次过流 10 倍时，该绕组的复合误差≤±10%。

　　　　10P15 表示当一次过流 15 倍时，该绕组的复合误差≤±10%。

　　若电流互感器型号为 LMZJ1-5A，请同学们试解读其具体含义。

5.3　AutoCAD 的打断、分解与镜像指令

5.3.1　打断

　　打断就是将一条线打断。执行打断操作有三种方式，可以单击工具栏中的"打断"按钮，也可以选择"修改"菜单中的"打断"命令，还可以输入 BR 回车执行"打断"命令，如图 5-12 所示。

打断

在两点之间打断选定的对象

可以在对象上的两个指定点之间创建间隔，从而将对象打断为两个对象。如果这些点不在对象上，则会自动投影到该对象上。

break 通常用于为块或文字创建空间。

图 5-12　"打断"命令三种打开方式

　　以图 5-13 所示为例，指定直线上的两个点将线条断开，线 1、线 2 为边界线，两线与直线交点为打断点，两线之间为打断部分。

　　操作步骤如下。

　　（1）选择"打断"命令后，单击要打断的线条。

　　（2）按照命令窗口的提示，指定其中一个垂足为第一点。如果不指定第一点，那么刚刚单击线条时的位置默认为第一点处，如图 5-14 所示。

　　（3）选择第一点后输入 F 回车，然后单击第一个交点处，再单击第二点，如图 5-15 所示。

　　（4）单击两个点后，线条就在两线间被打断了，如图 5-16 所示。

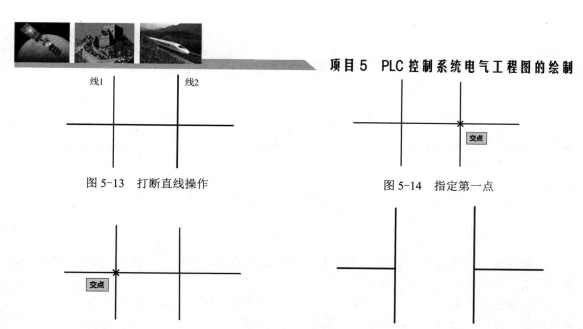

图5-13　打断直线操作

图5-14　指定第一点

图5-15　选择打断点

图5-16　打断后的图形

5.3.2　打断于点

在指定点处打断线条，也就是说使用命令将线条打断，打断点自己指定，这个功能和之前的"打断"命令有所区别。

通过单击工具栏中的"打断于点"按钮执行打断于点操作，如图5-17所示。

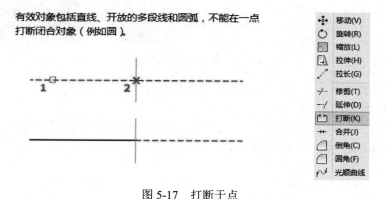

图5-17　打断于点

以图5-18所示图形为例，将直线在指定点打断，两线的交点为打断点。

操作步骤如下。

（1）选择"打断于点"命令后，用鼠标选择要打断的线条后回车，此时线条就被选中了，如图5-18所示。

（2）在两线交点处单击，选择打断点的位置，如图5-19所示。

（3）单击交点后，直线就在交点处被打断了。图5-20所示为一分为二的两条直线，打断点就在交点处。

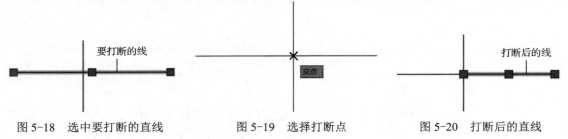

图 5-18　选中要打断的直线　　　　图 5-19　选择打断点　　　　图 5-20　打断后的直线

5.3.3 **分解**

分解就是将一个整体分解成多个线条。如果图形是一个块、一个整体，那么想要编辑各个线条，可以使用"分解"命令。

分解操作有三种打开方式，可以单击工具栏中的"分解"按钮，也可以选择"修改"菜单中的"分解"命令，还可以输入 X 回车执行"分解"命令，如图 5-21 所示。

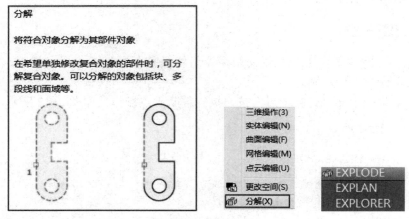

图 5-21　"分解"命令三种打开方式

以图 5-22 所示的矩形为例，将其分解，使每条边可以独立编辑。

操作步骤如下。

选择"分解"命令，选择图形，然后回车。这样，一个整体图形就被分解为单个图形了，如图 5-23 所示，其中的每个线条就可以单独进行编辑了。这对于修改图形是有很大好处的。

图 5-22　分解前的矩形

图 5-23　分解后的矩形

5.3.4 镜像

镜像就是沿着对称直线将原图形的对称图形画出来，此命令可以提高对称图形的绘制效率。"镜像"命令可以在"修改"工具栏中单击"镜像"按钮打开，也可以通过"修改"菜单下的"镜像"命令打开，或者直接在命令行中输入 MI 指令，如图 5-24 所示。

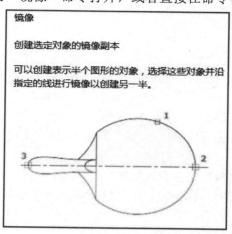

图 5-24 "镜像"命令三种打开方式

以图 5-25 所示图形为例，绘制其镜像图像。

操作步骤如下。

（1）选择"镜像"命令，用鼠标框选图形后回车，如图 5-26 所示。

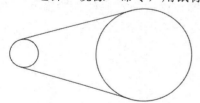
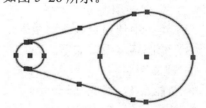

图 5-25 镜像源图形　　　　　　　　　　图 5-26 选中镜像源图形

（2）选好图形，确定镜像图形的位置后，确认镜像线。大部分为在已画好的直线上单击两点，如图 5-27 所示。

（3）单击两点后，命令窗口提示"是否删除源图形"，如果输入 y 回车，则左边的源图形就被删除了，剩下的是右边的镜像图形；相反，如果输入 n 回车，则得到两个图形，保留源图形之后的操作结果如图 5-28 所示。

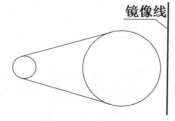
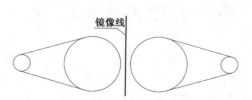

图 5-27 选择镜像线　　　　　　　　　　图 5-28 保留源图形之后的操作结果

项目实施

低压配电柜柜体三视图在项目 1 中已经学习过，见图 1-3，此处重点学习柜体安装的综合知识。

5.4 绘制柜体设备工艺结构图

1. 分析图纸

这是一张企业原图，图纸大小为 420 mm×297 mm，即 A3 图幅。

图纸带装订边，并进行了分区：以各边中点为基准，长度方向分 6 区，宽度方向分 4 区。这是为了构图方便。

标题栏是企业专用的格式，其中设置的栏目应符合企业标准。

图纸中每个大的矩形都是一个单独的功能区块，共 10 个区块，且其中包含若干小的功能块。

有台计算机放置在相应位置。

用连线连接各功能区块形成最终的图纸，如图 5-29 所示。

2. 绘图要点解析

复习学过的绘图命令和方法。

（1）按国家标准绘制图幅。

（2）分区使用"点"命令，在"格式"菜单下设置点样式，在"绘图"菜单下找到"点"，子菜单中使用定数或定距等分，用"直线"命令画好等分点后删除参考点。

（3）绘图环境设置如下。

① 建立图层。

● 功能层 1，线宽 0.3 mm，颜色为洋红；

● 功能层 2，线宽 0.3 mm，颜色为黑；

● 控制中心层，线宽默认，颜色为黑；

● 连线层，线宽 0.5 mm，颜色为绿色；

● 文字层，线宽默认，颜色为蓝色或黑色。

② 文字样式：standard；字体：txt.shx；选择大字体 gbebig.shx；字高 5，宽度系数为 0.75。

（4）边框中和小的矩形框中的文字选择单行文字输入，复习单行文字的使用方法。

（5）其他文字使用多行文字输入，复习多行文字的使用方法。

5.5 配电柜设计与轴测图画法

由于配电柜都是标准化制作，因而根据工作及布线的实际情况查阅相关资料选择具体的柜体型号即可，如《低压电器及配电电控设备选用手册》。但只有了解柜体结构才能更好地理解配电柜的选择安装。图 5-30 所示是企业典型低压开关柜外形及元件布局方式示意图，工艺细节示意图如图 5-31 所示。

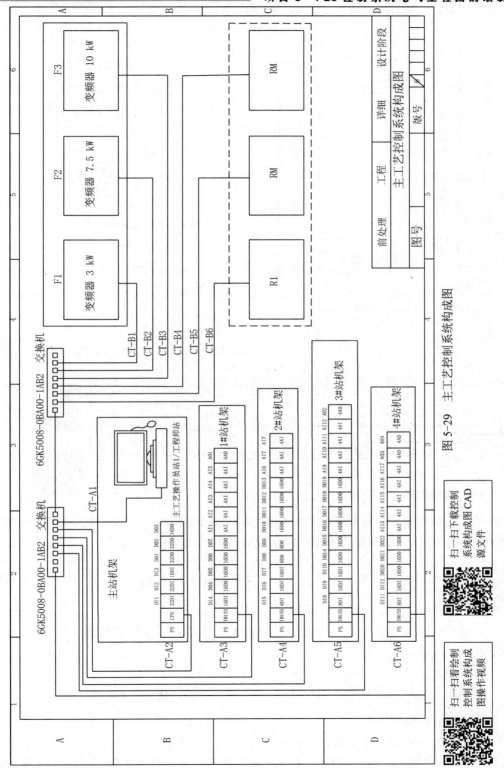

图 5-29 主工艺控制系统构成图

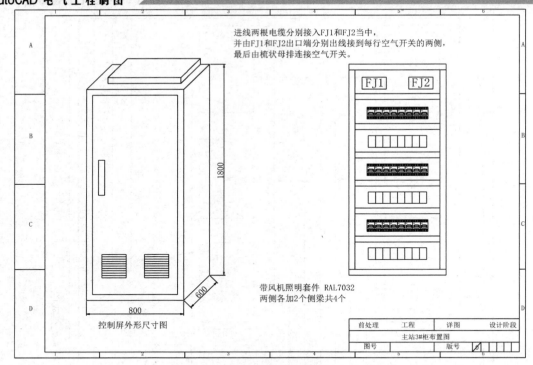

图 5-30   低压开关柜外形及元件布局方式示意图

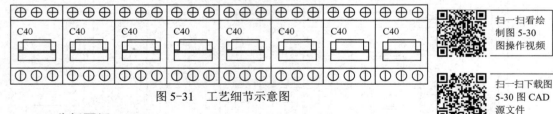

图 5-31   工艺细节示意图

1. 分析图纸

该图纸仍然采用企业标准绘制，图幅为 A3；考虑到实际柜体尺寸为 800 mm×600 mm×1800 mm，按照 CAD 绘图的习惯，图纸应放大 10 倍绘制。

> 这就要求相应的绘图环境设置中的有关数值也要相应放大 10 倍，而出图时再按实际图纸打印。

立体的柜体示意图与过去学过的三维绘制方法不同，采用的是斜二轴测图绘制方法，这是新的知识点，请注意学习。

图纸中有必要的文字说明，提供工艺操作的补充。

其他平面绘图方式是学过的 CAD 命令可以完成的，因此不作为重点解释。

2. 斜二轴测图画法

将物体连同确定其空间位置的直角坐标系，沿不平行于任一坐标面的方向，用平行投影法投射在单一投影面上，得到的具有立体感的图形称为轴测投影图，简称轴测图。轴测图的种类很多，工程上常常采用立体感较强、作图简便的正等轴测图和斜二轴测图，在二维平面中表达立体形状。由于 CAD 绘制立体图形的优势，可以代替正等轴测的画法，所以此处重点介绍与企业关联较多的斜二轴测图。

（1）以绘制一个正方体 50 mm×50 mm× 50 mm 的箱子为例。在平面中构建一个假想的坐标系，如图 5-32 所示。

从图中可见，其特点是：当物体的平面平行于 XY 决定的平面时，用物体的实际长度绘制，在 45°角方向用实物尺寸的 1/2 长度绘制。由观察可知，当物体上有较多的圆或曲线、直线平行于 XY 决定的平面时，采用斜二轴测图表达还是比较方便的。但要注意具体标注时，要将 45°角方向的数值改为实际尺寸。

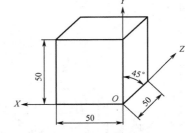

图 5-32　斜二轴测图示例

（2）图 5-33 所示是一个较复杂的斜二轴测图示例，同学们可以实际操作一下，作为练习，为柜体的绘制打下基础。

（3）轴测图不能渲染，也不能旋转观测其他面的具体形貌，这是与 CAD 三维图形根本的区别。

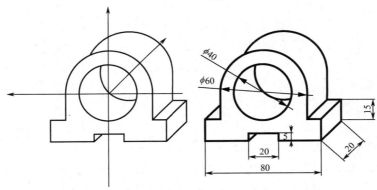

图 5-33　较复杂的斜二轴测图示例

3．柜体的绘制

用刚刚学过的知识，绘制图 5-30 所示柜体的斜二轴测图。柜体尺寸如图中的标注：800 mm×600 mm×1 800 mm；上盖尺寸为 600 mm×300 mm×50 mm，放置于顶面的中部，其他细节尺寸如通风孔、门把手等，可以自行设计，但要美观、贴切。

4．元件布局图的绘制要点解析

（1）参考结构图的方法结合本图纸设置绘图环境（确认减少哪些图层、增加哪些图层，如尺寸标注层等）。

（2）柜体外框和内框均为 50 mm，计算元件剩余空间的尺寸。提示：空间高度应为（1800−50×8）/7=200 mm。

（3）按照工艺细节示意图 5-31 设计其他元件并自行设计尺寸。

（4）重点复习阵列、复制、修剪、圆、多段线、定数或定距等分等命令的应用技巧。

（5）理解并全面填写文字说明，注意设置文字样式。

（6）灵活运用放大、缩小图纸尺寸后的标注方法。

成品图如图 5-34 所示，供绘图时参考。

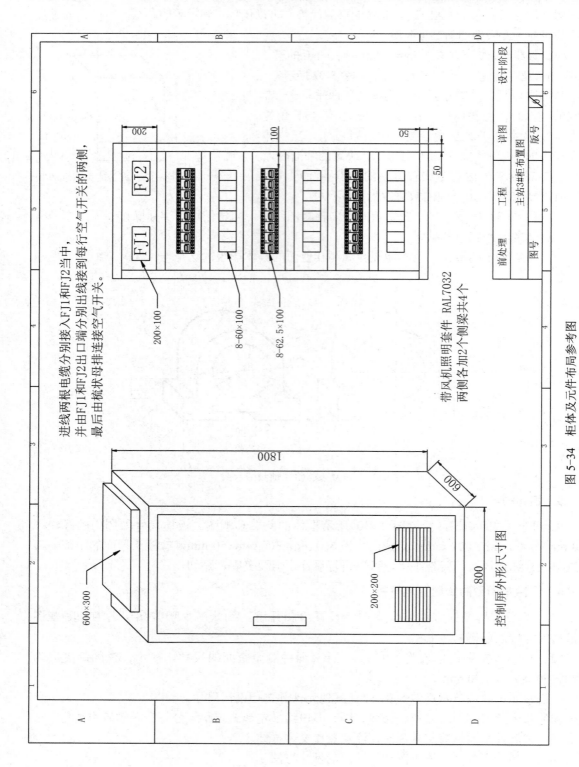

图 5-34 柜体及元件布局参考图

5.6　电气原理图的绘制

绘制如图 5-35 所示电气原理图,主要应做到条理清楚、布局美观。在绘图操作上没有任何难度,仅供熟练绘图使用。此处不再做绘图讲解。

5.7　电气接线图的绘制

绘制如图 5-36 所示电气接线图,它也是电气系统图的一部分。绘图重点是细心标注文字说明,不可遗漏。

5.8　元件清单列表

本电气系统中所需要元件的种类、型号和数量如表 5-2 所示。

表 5-2　元件清单

主站 1# 柜元件表						
序号	代　号	名　　称	型　　号	厂家	数量	备　注
1	QFC1	总开关	NM1-630S/3300 630A	正泰	1	
2	电压切换	电压测量切换开关	LW39-16B-YH4/2	正泰	1	
3	V	电压表	6L2-V	正泰	1	
4	A	电流表	6L2-A 0-600	正泰	3	
5	1A、1B、1C	互感器	600/5	正泰	3	
6	QFA1～QFA3	指示灯空气开关	DZ47-60/2P D2	正泰	3	
7	LI1～LI3	指示灯	AD16-22D/rlglly131S（220 V）	正泰	3	220 V 红绿黄
8	隔离变压器	隔离变压器	380 V/220 V 1 500 W		1	
9	QFB2	电源插座空气开关	DZ47-60/2P D16	正泰	1	
10	X	接线端子	4.0 m²	友邦	36	
11	控制屏	控制屏	宽 800×高 1800×深 600		1	带风机照明套件 RAL7032
12	QFB1	空气开关	DZ47-60/2P D16	正泰	1	后补遗漏
13	QFA1～QFA3	指示灯空气开关	DZ47-60/1P D2	正泰	3	后补遗漏
14	QFB3～QFB14	空气开关	DZ47-60/2P D16	正泰	12	后补遗漏
15	QFC2、QFC3	断路器	NM1-225S/3300 200 A	正泰	2	后补遗漏
16	QFC4	断路器	NB1S-80/3P D80	正泰	1	后补遗漏
17	QFC5～QFC7	断路器	NM1-225S/3300 225 A	正泰	3	后补遗漏
18	QFC8、QFC9	断路器	DZ47-60/3P D32	正泰	2	后补遗漏
19	QFC10～QFC13	断路器	DZ47-60/3P D25	正泰	4	后补遗漏

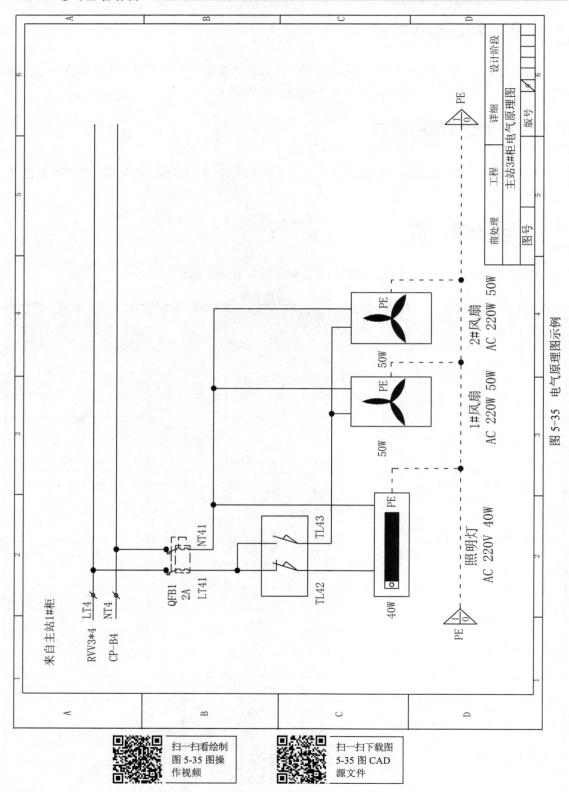

图 5-35 电气原理图示例

扫一扫看绘制
图 5-35 图操
作视频

扫一扫下载图
5-35 图 CAD
源文件

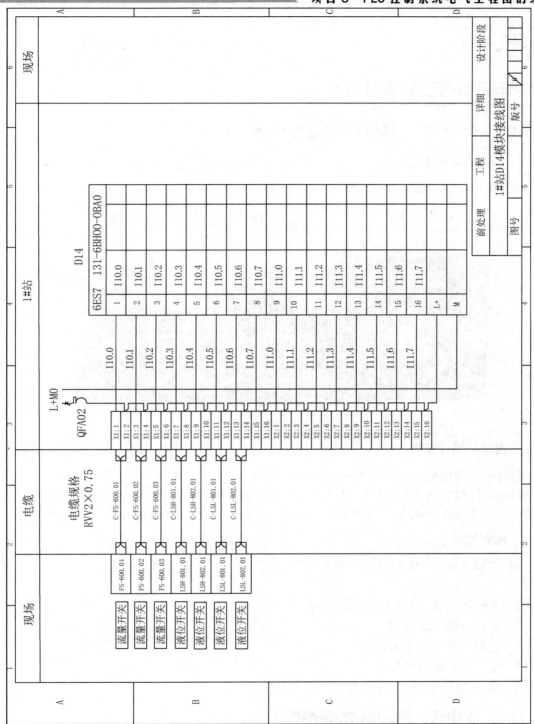

图 5-36　电气接线图

扫一扫看绘制
图 5-36 图操
作视频

扫一扫下载图
5-36 图 CAD 源
文件

181

扫一扫看课程思
政案例：大国工
匠——张金柱

知识拓展

5.9 车床电气控制柜的绘制

5.9.1 CW6163 车床的结构与控制要求

1. CW6163 车床的结构

CW6163 车床结构图如图 5-37 所示。

图 5-37 CW6163 车床结构图

2. 电动机铭牌参数

M1——主轴电动机：Y160M-4，11kW，380V，23.0A，1460r/min，使工件旋转。

M2——冷却泵电动机：JCB-22，0.15kW，380V，0.43A，2790r/min，供给冷却液。

M3——快速移动电动机：Y90S-4，1.1kW，380V，2.8A，1400r/min，使刀架快速移动。

3. 控制要求

（1）主轴电动机 M1 必须在冷却泵电动机 M2 启动后才能启动，主轴电动机 M1 可单独停车。

（2）主轴电动机 M1 可以两地进行停止控制。

（3）快速移动电动机 M3 为点动。

（4）控制柜有电源指示。

（5）车床未工作时有指示。

（6）M1、M2 电动机运行时有指示。

5.9.2 主电路、控制电路原理图设计

1. CW6163 车床电气柜主电路设计

机床主电路图如图 5-38 所示。

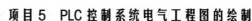
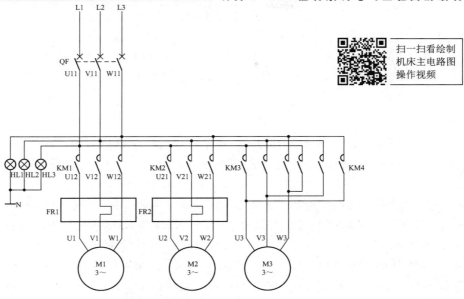

扫一扫看绘制
机床主电路图
操作视频

图 5-38 机床主电路图

2. CW6163 车床电气柜控制电路设计

电气柜控制电路设计如图 5-39 所示。

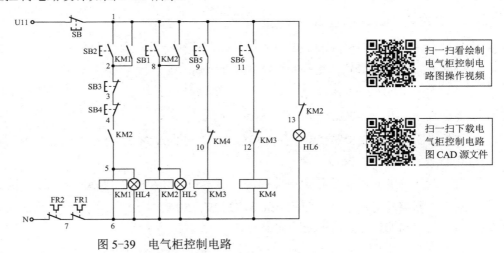

扫一扫看绘制
电气柜控制电
路图操作视频

扫一扫下载电
气柜控制电路
图 CAD 源文件

图 5-39 电气柜控制电路

工作原理介绍如下。

1）启动

（1）合上断路器 QF，引入三相电源，电源指示灯 HL1、HL2、HL3 红灯亮，由于此时电动机 M1、M2 未启动，故指示灯 HL6 绿灯亮。

（2）按下启动按钮 SB1，线圈 KM2 得电，同时，KM2 的主触点闭合，KM1 控制支路中的 KM2 常开辅助触点闭合，与 SB1 并联的 KM2 常开辅助触点闭合，形成自锁，冷却泵电动机 M2 工作，指示灯 HL5 红灯亮，与指示灯 HL6 串联的 KM2 常闭辅助触点断开，指示灯 HL6 绿灯灭。

（3）按下启动按钮 SB2，线圈 KM1 得电，同时，KM1 的主触点闭合，与 SB2 并联的 KM1 常开辅助触点闭合，形成自锁，主轴电动机 M1 工作，指示灯 HL4 红灯亮。

（4）刀架快速移动，按下点动按钮 SB5（或 SB6），线圈 KM4（或 KM3）得电，同时，KM4（或 KM3）的主触点闭合，其常闭辅助触点断开，KM4 与 KM3 形成互锁，快速移动电动机 M3 正（或反）转工作。

2）停止

（1）主轴电动机 M1 可单独停车，按下停止按钮 SB3 或 SB4，线圈 KM1 失电，继而使 KM1 主触点断开，KM1 常开辅助触点断开（失去自锁），电动机 M1 停转，指示灯 HL4 红灯灭。

（2）M3 停车，释放点动按钮 SB5（或 SB6），线圈 KM3（或线圈 KM4 失电），其主触点断开，KM3（或 KM4）的常闭辅助触点闭合，KM4 与 KM3 失去自锁，电动机 M3 停车。

（3）M2 不可单独停车。按下总停按钮 SB，线圈 KM1 失电，继而使 KM1 主触点断开，KM1 常开辅助触点断开（失去自锁），电动机 M1 停转，指示灯 HL4 红灯灭；同时，线圈 KM2 失电，继而使 KM2 主触点断开，电动机 M2 停转，KM2 本支路中的常开辅助触点断开（失去自锁），电动机 M2 停转，指示灯 HL5 红灯灭，KM1 控制支路中的 KM2 常开辅助触点断开，与指示灯 HL6 串联的 KM2 常闭辅助触点闭合，指示灯 HL6 绿灯亮。

5.9.3　元器件的选择

1. 断路器（QF）的选择

（1）$I_{pk} = (1.7 \sim 2.1)I_{stm} + I_{30(n-1)} = 2.1 \times 7 \times 23 + 0.43 + 2.8 = 341.33A$ 。

（2）$I_{op(0)} = (2 \sim 2.5)I_{pk} = 2.5 \times 341.33 = 853.325A$ 。

（3）$I_{op(1)} = 1.1 I_{30} = 1.1 \times (23 + 0.43 + 2.8) = 28.853A$ 。

根据 $I_{op(1)}$ 初步选 DZ20Y-100/3，380V，32A。

该断路器的瞬时脱扣器整定电流：$12 I_N = 12 \times 32 = 384A \leqslant 853.325A$（$I_{op(0)}$），不满足要求。

选 DZ20Y-100/3，380V，80A。

该断路器的瞬时脱扣器整定电流：$12 I_N = 12 \times 80 = 960A > 853.325A$（$I_{op(0)}$），满足要求。

因而，断路器 QF 选为 DZ20Y-100/3，380V，80A，1 台。

（4）断路器 QF 与被保护线路的配合。

因为 $I_{30} = 23 + 0.43 + 2.8 = 26.23A$，查表选导线截面积为 2.5mm²，$I_{al} = 29A$ 。

又因为 $I_{al} = 29A < 80A$（I_N），所以不满足要求。

选导线截面积为 16 mm²，$I_{al} = 98A > 80A$（I_N），满足要求。

因而，断路器 QF 选为 DZ20Y-100/3，380V，80A，1 台，尺寸为 108 mm×156 mm× 103 mm。

2. 交流接触器（KM1～KM4）的选择

（1）KM1 的选择。

$I_1 = (P_N \times 10^3) / K U_N = 11 \times 10^3 / (380 \times 1.4) \approx 20.68A$

查表选型号为 CJ20-25，380V，32A。因为 $I_N = 32A > 20.68A$，满足要求。

因而，选 KM1 为 CJ20-25，380V，32A，线圈电压为 220V，1 台，尺寸为 53 mm× 91 mm。

（2）KM2 的选择。

$$I_2 = (P_N \times 10^3) / KU_N = 0.15 \times 10^3 / (380 \times 1.4) \approx 0.28A$$

查表选型号为 CJ20-10，380V，10A。因为 $I_N = 10A > 0.28A$，满足要求。

因而，选 KM2 为 CJ20-10，380V，10A，线圈电压为 220V，1 台。

（3）KM3、KM4 的选择。

$$I_3 = (P_N \times 10^3) / KU_N = 1.1 \times 10^3 / (380 \times 1.4) \approx 2.07A$$

查表选型号为 CJ20-10，380V，10A。因为 $I_N = 10A > 2.07A$，满足要求。

因而，选 KM3 为 CJ20-10，380V，10A，线圈电压为 220V，2 台（因为 KM4 与 KM3 控制同一台电动机的正反转，所以 KM4 与 KM3 型号相同），尺寸为 45 mm×68 mm。

3. 热继电器（FR1、FR2）的选择

（1）FR1 的选择。FR1 保护主轴电动机 M1，其额定电流为 23.0A。

$$I_{NFR1} = (60\% \sim 80\%)I_{N1} = 0.8 \times 23.0 = 18.4\,A$$

查表选热继电器 FR1 型号为 JR20-25。

发热元件额定电流为 25A，整定电流范围是 17～25A，工作时额定电流整定为 23A。

所以热继电器 FR1 选择 JR20-25，380V，25A，1 台，尺寸为 48 mm×83 mm。

（2）FR2 的选择。FR2 保护电动机 M2，其额定电流为 0.43A。

$$I_{NFR2} = (60\% \sim 80\%)I_{N2} = 0.8 \times 0.43 = 0.344\,A$$

查表选热继电器 FR2 型号为 JR20-10。

发热元件额定电流为 10A，整定电流范围是 0.35～0.53A，工作时额定电流整定为 0.43A。

所以热继电器 FR2 选择 JR20-10，380V，10A，1 台，尺寸为 44 mm×78 mm。

4. 按钮（SB、SB1～SB6）的选择

SB 为总停按钮，查表选 SB 型号为 LA18-10，220V，5A，红色 1 台。

SB3、SB4 为控制电动机 M1 的停止按钮，选型号为 LA18-10，220V，5A，红色 2 台。

SB2 为控制电动机 M1 的启动按钮，选型号为 LA18-10，220V，5A，绿色 1 台。

SB1 为控制电动机 M2 的启动按钮，选型号为 LA18-10，220V，5A，绿色 1 台。

SB5、SB6 为控制电动机 M3 的点动按钮，选型号为 LA18-10，220V，5A，黑色 2 台。

综上，选 LA18-10 系列的红色 3 台、绿色 2 台、黑色 2 台，220V，5A，尺寸为 ϕ24mm。

5. 信号灯（HL1～HL6）的选择

HL1、HL2、HL3 为电源指示控制，均为红灯；HL4、HL5 指示电动机 M1、M2 运行，均为红灯；HL6 为车床未工作时指示，为绿灯。

信号灯型号选为 AD2-22/2，220V，5A，红灯 5 台，绿灯 1 台，尺寸为 ϕ22mm。

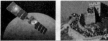

5.9.4 控制系统元器件明细表

控制系统元器件明细表如表 5-3 所示。

表 5-3 控制系统元器件明细表

序号	符 号	元器件名称	型 号	规 格	件 数	作 用
1	QF	断路器	DZ20Y-100/3	380V 80A	1	电源总开关
2	KM1	交流接触器	CJ20-25	380V 32A 线圈电压 220V	1	电动机 M1 启动、停止控制
3	KM2	交流接触器	CJ20-10	380V 10A 线圈电压 220V	1	电动机 M2 启动、停止控制
4	KM2、KM3	交流接触器	CJ20-10	380V 10A 线圈电压 220V	2	电动机 M3 的正反转控制
5	FR1	热继电器	JR20-25	380V 25A	1	电动机 M1 过载保护
6	FR2	热继电器	JR20-10	380V 10A	1	电动机 M2 过载保护
7	SB1、SB2	启动按钮	LA18-10	220V 5A 绿色	2	控制线圈 KM1、KM2 得电
8	SB、SB3、SB4	停止按钮	LA18-10	220V 5A 红色	3	控制线圈 KM1、KM2 失电
9	SB5、SB6	点动按钮	LA18-10	220V 5A 黑色	2	控制线圈 KM3、KM4 得失电
10	HL1、HL2、HL3	电源指示灯	AD2-22/2	220V 5A 红色	3	电源指示
11	HL4、HL5	M1、M2 工作指示灯	AD2-22/2	220V 5A 红色	2	电动机 M1、M2 工作指示
12	HL6	车床未工作指示灯	AD2-22/2	220V 5A 绿色	1	对车床是否工作的监测指示
13	XT1、XT2	端子排	TD-30	660V 30A	2	连接线路

5.9.5 电气控制系统布置图

电气控制系统布置图如图 5-40 所示。设计思路如下。

二层板布置图根据所选元器件的具体尺寸确定底板的大小，元器件在布置时上下间距为 50 mm，左右为 20 mm，距底板左边线均为 80 mm（为方便向上引线，将底端的端子排距左沿设为 50 mm），做到尽量节省材料，减小底板的面积。最后标出相应元器件之间的距离。

面板布置图按照方便操作、易于记忆的原则，最上面一排安放指示灯，显示控制柜的工作状况（指示灯不能指示 M3 的工作状态）；第二排安放电动机 M1、M2 的指示灯，下面安放各自的启动、停止按钮，左启右停；最后一排安放电动机 M3 的正反转按钮。

扫一扫看绘制电气柜控制系统布置图操作视频

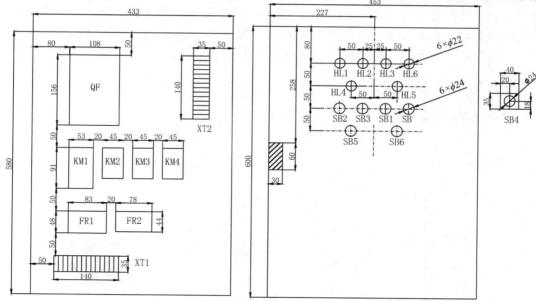

图 5-40　电气控制系统布置图

5.9.6　电气控制系统接线图

电气控制系统接线图如图 5-41 所示。设计思路如下：

扫一扫下载电气
控制系统布置图
CAD 源文件

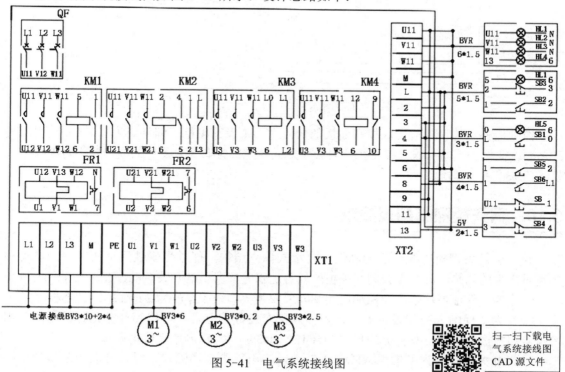

图 5-41　电气系统接线图

扫一扫下载电
气系统接线图
CAD 源文件

由电气系统控制布置图可知元器件的位置，然后根据电气控制原理图及所标线号确定

各个元器件中的各个部件的标号，最后根据线号进行连接。考虑到控制柜面板门打开、关闭比较频繁，因此安装底板与面板之间元器件的连线通过接线端子来实现，并用软导线；其中，用虚线框表示控制或指示同一电动机的按钮或指示灯。

5.9.7　总体方案设计

总体方案设计如图 5-42 所示。设计思路如下。

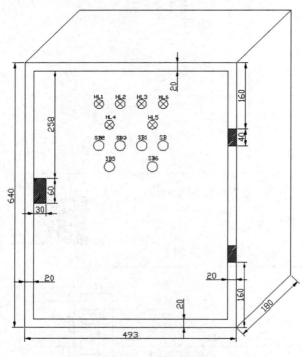

扫一扫看绘制
总体方案设计
图操作视频

扫一扫下载总
体方案设计图
CAD 源文件

图 5-42　总体方案设计

控制柜外观的设计应比底板和面板的尺寸大，本设计中柜子的外沿为 20 mm，内沿为 30 mm，比例为 1∶5。设计控制柜宽时应考虑元器件的分布及元器件的高，要不可能会出现柜子门关不上的情况。

5.10　开关柜的结构及要求

开关柜是由钢板外壳封闭的刚性、自承式独立结构，能承受安装元件所产生的震动和短路时产生的灼热。同时不会因开关柜的安装运输等情况影响开关柜的性能。

（1）为了保证柜体强度，柜加门板和元件安装板均采用厚度为 2 mm 的冷轧钢板。

（2）为了保障人身和设备安全，柜体内部有良好的分隔，母线和开关元件等之间采用喷涂金属板进行分隔，具体分隔形式符合 IEC60439-1 和 IEC60529 标准要求。

（3）开关柜具有内部燃弧故障耐受能力，当出现内部燃弧故障时，开关柜隔室的结构能承受三相短路产生的电弧或游离气体所产生的压力而不造成损坏，并且防止电弧对操作人员造成伤害。

（4）开关柜面板喷塑均匀平滑，外形美观，结构合理匀称，平直度高，颜色为浅驼灰色（参照标准色标号 RAL9002）。

（5）为了达到良好的耐腐蚀性能，开关柜中的主要钣金件，如框架、门板、分隔板等采用环氧树脂粉末静电喷涂的处理方式，除了抽屉构件外，均不采用镀锌钢板或覆铝锌板。

（6）柜体安装可以根据需要选择离墙或靠墙安装，并能根据安装方式对柜体尺寸进行优化。

（7）开关柜整体高度不超过 2 200 mm。

（8）柜体结构可在顶部或底部两个方向引入电缆，有电缆穿过的顶板（柜顶出线）或者底部（柜底出线），用铝板以减小涡流影响。

（9）开关柜中的母线选用高质量的裸铜线，并能够提供在各种环境温度和防护等级下的选型表格。

（10）开关柜具有贯穿于整个柜体排列长度的保护（PE）线，PE 线应能承受短路电流，金属柜体的各部分与 PE 线有良好的接地连接，可抽出部分通过插头、导体或弹簧形式在"连接"或"试验"位置同 PE 能连通。

附录 A CAD 命令快捷键

L，*LINE 直线

ML，*MLINE 多线（创建多条平行线）

PL，*PLINE 多段线

PE，*PEDIT 编辑多段线

SPL，*SPLINE 样条曲线

SPE，*SPLINEDIT 编辑样条曲线

XL，*XLINE 构造线（创建无限长的线）

A，*ARC 圆弧

C，*CIRCLE 圆

DO，*DONUT 圆环

EL，*ELLIPSE 椭圆

PO，*POINT 点

DCE，*DIMCENTER 中心标记

POL，*POLYGON 正多边形

REC，*RECTANG 矩形

REG，*REGION 面域

H，*BHATCH 图案填充

BH，*BHATCH 图案填充

-H，*HATCH

HE，*HATCHEDIT 图案填充…（修改一个图案或渐变填充）

SO，*SOLID 二维填充（创建实体填充的三角形和四边形）

*revcloud 修订云线

*ellipse 椭圆弧

DI，*DIST 距离

ME，*MEASURE 定距等分

DIV，*DIVIDE 定数等分

DT，*TEXT 单行文字

T，*MTEXT 多行文字

-T，*-MTEXT 多行文字（命令行输入）

MT，*MTEXT 多行文字

ED，*DDEDIT 编辑文字、标注文字、属性定义和特征控制框

ST，*STYLE 文字样式

B，*BLOCK 创建块…

-B，*-BLOCK 创建块…（命令行输入）

I，*INSERT 插入块

-I，*-INSERT 插入块（命令行输入）

W，*WBLOCK "写块"对话框（将对象或块写入新图形文件）

-W，*-WBLOCK 写块（命令行输入）

AR，*ARRAY 阵列

-AR，*-ARRAY 阵列（命令行输入）

BR，*BREAK 打断

CHA，*CHAMFER 倒角

CO，*COPY 复制对象

CP，*COPY 复制对象

E，*ERASE 删除

EX，*EXTEND 延伸

F，*FILLET 圆角

M，*MOVE 移动

MI，*MIRROR 镜像

LEN，*LENGTHEN 拉长（修改对象的长度和圆弧的包含角）

O，*OFFSET 偏移

RO，*ROTATE 旋转（绕基点移动对象）

S，*STRETCH 拉伸

SC，*SCALE 缩放

TR，*TRIM 修剪

*EXPLODE 分解

DAL，*DIMALIGNED 对齐标注

DAN，*DIMANGULAR 角度标注

DBA，*DIMBASELINE 基线标注

DCO，*DIMCONTINUE 连续标注

DDI，*DIMDIAMETER 直径标注

DED，*DIMEDIT 编辑标注

DLI，*DIMLINEAR 线性标注

DOR，*DIMORDINATE 坐标标注

DRA，*DIMRADIUS 半径标注

LE，*QLEADER 快速引线

D，*DIMSTYLE 标注样式管理器

DST，*DIMSTYLE 标注样式管理器

STA，*STANDARDS 标准配置（CAD标准）

DRE，*DIMREASSOCIATE 重新关联标注

DDA，*DIMDISASSOCIATE 删除选定标注的关联性

LA，*LAYER 图层特性管理器

-LA，*-LAYER 图层特性管理器（命令行输入）

LW，*LWEIGHT 线宽设置...

LT，*LINETYPE 线型管理器

-LT，*-LINETYPE 线型管理器（命令行输入）

LTYPE，*LINETYPE 线型管理器

-LTYPE，*-LINETYPE 线型管理器（命令行输入）

LINEWEIGHT，*LWEIGHT 线宽

LTS，*LTSCALE 设置全局线型比例因子

TOR，*TORUS 圆环（三维）

WE，*WEDGE 楔体

3P，*3DPOLY 三维多段线

3F，*3DFACE 三维面

IN，*INTERSECT 交集

UNI，*UNION 并集

SU，*SUBTRACT 差集

EXT，*EXTRUDE 拉伸（三维命令）

REV，*REVOLVE 旋转（通过绕轴旋转二维对象来创建实体）

HI，*HIDE 消隐

SHA，*SHADEMODE 着色

SL，*SLICE 剖切（用平面剖切一组实体）

SEC，*SECTION 切割（用平面和实体的交集创建面域）

INF，*INTERFERE 干涉

3A，*3DARRAY 三维阵列

3DO，*3DORBIT 三维动态观察

ORBIT，*3DORBIT 三维动态观察器

RPR，*RPREF 渲染系统配置

RR，*RENDER 渲染

DC，*ADCENTER 设计中心 Ctrl+2

ADC，*ADCENTER 设计中心

DCENTER，*ADCENTER 设计中心

MA，*MATCHPROP 特性匹配

TP，*TOOLPALETTES 工具选项板 Ctrl+3

CH，*PROPERTIES 特性 Ctrl+1

-CH，*CHANGE 修改现有对象的特性

PR，*PROPERTIES 特性 Ctrl+1（控制现有对象的特性）

PROPS，*PROPERTIES 特性 Ctrl+1（控制现有对象的特性）

MO，*PROPERTIES 特性 Ctrl+1（控制现有对象的特性）

PRCLOSE，*PROPERTIESCLOSE （关闭"特性"选项板）

PRE，*PREVIEW 打印预览

PRINT, *PLOT 打印 Ctrl+p

TO, *TOOLBAR 工具栏/自定义（显示、隐藏和自定义工具栏）

Z, *ZOOM 实时缩放

P, *PAN 实时平移

-P, *-PAN 实时平移（命令行输入）

OS, *OSNAP 对象捕捉设置

-OS, *-OSNAP 对象捕捉设置（命令行输入）

SN, *SNAP 捕捉（规定光标按指定的间距移动）

PU, *PURGE 清理（删除图形中未使用的命名项目，如块定义和图层）

-PU, *-PURGE 清理（命令行输入）

R, *REDRAW （刷新当前视口中的显示）

RA, *REDRAWALL 重画

RE, *REGEN 重生成

REA, *REGENALL 全部重生成

REN, *RENAME 重命名

-REN, *-RENAME 重命名（命令行输入）

AA, *AREA 面积

AL, *ALIGN 对齐

AP, *APPLOAD 加载应用程序...

ATT, *ATTDEF 定义属性...

-ATT, *-ATTDEF 定义属性...（命令行输入）

ATE, *ATTEDIT 单个...（编辑块插入上的属性）

-ATE, *-ATTEDIT 单个...（命令行输入）

ATTE, *-ATTEDIT 单个...（命令行输入）

BO, *BOUNDARY 边界创建...

-BO, *-BOUNDARY 边界创建...（命令行输入）

CHK, *CHECKSTANDARDS 检查...（检查当前图形的标准冲突情况 ）

COL, *COLOR 颜色...（设置新对象的颜色）

COLOUR, *COLOR

DBC, *DBCONNECT 数据库连接管理器

DOV, *DIMOVERRIDE 替代

DR, *DRAWORDER 显示顺序

DS, *DSETTINGS 草图设置

DV, *DVIEW 定义平行投影或透视视图

FI, *FILTER 为对象选择创建可重复使用的过滤器

G, *GROUP "对象编组"对话框

-G, *-GROUP "对象编组"对话框（命令行输入）

GR, *DDGRIPS 选项（...选择）

IAD，*IMAGEADJUST 图像调整（控制图像的亮度、对比度和褪色度）

IAT，*IMAGEATTACH 附着图像（将新的图像附着到当前图形）

ICL，*IMAGECLIP 图像剪裁（为图像对象创建新的剪裁边界）

IM，*IMAGE 图像（管理图像）

-IM，*-IMAGE 图像（命令行输入）

IMP，*IMPORT 输入

IO，*INSERTOBJ OLE 对象

LI，*LIST 列表（显示选定对象的数据库信息）

LO，*-LAYOUT 新建布局

LS，*LIST 列表（显示选定对象的数据库信息）

MS，*MSPACE 从图纸空间切换到模型空间视口

MV，*MVIEW 创建并控制布局视口（在"布局"选项卡上工作时）

OP，*OPTIONS 选项...（自定义设置）

PA，*PASTESPEC "选择性粘贴"对话框（插入剪贴板数据并控制数据格式）

PARTIALOPEN，*-PARTIALOPEN （将选定视图或图层的几何图形加载到图形中）

PS，*PSPACE 在"布局"选项卡上工作时，AutoCAD 从模型空间切换到图纸空间

PTW，*PUBLISHTOWEB 网上发布...

SCR，*SCRIPT 运行脚本...（从脚本文件执行一系列命令）

SE，*DSETTINGS 草图设置（指定捕捉模式、栅格、极轴追踪和对象捕捉追踪的设置）

SET，*SETVAR 设置变量（列出系统变量或修改变量值）

SP，*SPELL 拼写检查...（检查图形中的拼写）

TA，*TABLET 数字化仪（校准、配置、打开和关闭已连接的数字化仪）

TH，*THICKNESS 设置当前的三维厚度（系统变量）

TI，*TILEMODE 将"模型"选项卡或最后一个"布局"选项卡置为当前（系统变量）

TOL，*TOLERANCE 公差

UC，*UCSMAN 显示 UCS 对话框

UN，*UNITS 单位...（控制坐标和角度的显示格式并确定精度）

-UN，*-UNITS 单位...（命令行输入）

V，*VIEW 命名视图...（保存和恢复命名视图）

-V，*-VIEW 命名视图...（命令行输入）

VP，*DDVPOINT 视点预置...（设置三维观察方向）

-VP，*VPOINT

X，*EXPLODE 输出...（以其他文件格式保存对象）

EXIT，*QUIT 退出

EXP，*EXPORT 输出

XA，*XATTACH 附着外部参照（将外部参照附着到当前图形）

XB，*XBIND 外部参照绑定（绑定一个或多个在外部参照里的命名对象定义到当前的图形 ）

　　-XB，*-XBIND 外部参照绑定（命令行输入）

　　XC，*XCLIP 外部参照剪裁（定义外部参照或块剪裁边界，并设置前剪裁平面或后剪裁平面）

　　XR，*XREF 外部参照管理器（控制图形文件的外部参照）

　　-XR，*-XREF 外部参照管理器（命令行输入）

参 考 文 献

[1] 李晓玲，蓝汝铭.电气工程制图[M]. 西安：西北工业大学出版社，2010.

[2] 朱文继.电气工程制图[M]. 北京：电子工业出版社，2009.

[3] 黄玮. 电气 CAD 实用教程[M]. 北京：人民邮电出版社，2010.

[4] 李显民.电气制图与识图[M]. 北京：中国电力出版社，2010.

[5] 张宪，张大鹏.电气制图与读图[M]. 北京：化学工业出版社，2014.

[6] 韩变枝.机械制图与识图[M]. 北京：机械工业出版社，2009.

[7] 甘勇. 机械制图与识图[M]. 上海：同济大学出版社，2011.